教育部 财政部职业院校教师素质提高计划职教师资培养资源开发项目

能源与动力工程职业
教育专业教学法

主　编　尹亚领
副主编　范玮超
参　编　孟凡超

机械工业出版社

本书以能源与动力工程专业职业教学法为主要内容,重点讲述了在能源与动力工程专业职业教育中常用教学法的方法、步骤、要点、优劣以及适用课程情况。主要介绍了工作过程导向教学法、任务驱动教学法、项目教学法、现场教学法以及角色扮演教学法等职业教育教学法。书中详细阐述了教师的角色、学生的角色以及各教学场景中教辅工具的定位。

本书适用于能源与动力工程专业职教师资的培养,介绍的内容是职教师资培养过程中不可或缺的环节,能够为职业教育教师提供系统全面的教学法培养,为教师职业教育的开展打下坚实的基础,并提供有益的辅导。

图书在版编目 (CIP) 数据

能源与动力工程职业教育专业教学法/尹亚领主编. —北京:机械工业出版社,2018.9

教育部、财政部职业院校教师素质提高计划职教师资培养资源开发项目
ISBN 978-7-111-60361-0

Ⅰ.①能… Ⅱ.①尹… Ⅲ.①能源-教学法-职业教育②动力工程-教学法-职业教育 Ⅳ.①TK-4

中国版本图书馆 CIP 数据核字 (2018) 第 146623 号

机械工业出版社 (北京市百万庄大街 22 号 邮政编码 100037)
策划编辑:蔡开颖 责任编辑:蔡开颖 安桂芳 李 帅
责任校对:张 力 封面设计:张 静
责任印制:常天培
北京捷迅佳彩印刷有限公司印刷
2020 年 3 月第 1 版第 1 次印刷
184mm×260mm · 7.25 印张 · 175 千字
标准书号:ISBN 978-7-111-60361-0
定价:29.00 元

电话服务 网络服务
客服电话:010-88361066 机 工 官 网:www.cmpbook.com
010-88379833 机 工 官 博:weibo.com/cmp1952
010-68326294 金 书 网:www.golden-book.com
封底无防伪标均为盗版 机工教育服务网:www.cmpedu.com

出 版 说 明

《国家中长期教育改革和发展规划纲要 (2010—2020 年)》颁布实施以来,我国职业教育进入加快构建现代职业教育体系、全面提高技能型人才培养质量的新阶段。加快发展现代职业教育,实现职业教育改革发展新跨越,对职业学校"双师型"教师队伍建设提出了更高的要求。为此,教育部明确提出,要以推动教师专业化为引领,以加强"双师型"教师队伍建设为重点,以创新制度和机制为动力,以完善培养培训体系为保障,以实施素质提高计划为抓手,统筹规划,突出重点,改革创新,狠抓落实,切实提升职业院校教师队伍整体素质和建设水平,加快建成一支师德高尚、素质优良、技艺精湛、结构合理、专兼结合的高素质专业化的"双师型"教师队伍,为建设具有中国特色、世界水平的现代职业教育体系提供强有力的师资保障。

目前,我国共有 60 余所高校正在开展职教师资培养,但由于教师培养标准的缺失和培养课程资源的匮乏,制约了"双师型"教师培养质量的提高。为完善教师培养标准和课程体系,教育部、财政部在"职业院校教师素质提高计划"框架内专门设置了职教师资培养资源开发项目,中央财政划拨 1.5 亿元,系统开发用于本科专业职教师资培养标准、培养方案、核心课程和特色教材等系列资源。其中,包括 88 个专业项目、12 个资格考试制度开发等公共项目。该项目由 42 家开设职业技术师范专业的高等学校牵头,组织近千家科研院所、职业学校、行业企业共同研发,一大批专家学者、优秀校长、一线教师、企业工程技术人员参与其中。

经过三年的努力,培养资源开发项目取得了丰硕成果。一是开发了中等职业学校 88 个专业(类)职教师资本科培养资源项目,内容包括专业教师标准、专业教师培养标准、评价方案,以及一系列专业课程大纲、主干课程教材及数字化资源;二是取得了 6 项公共基础研究成果,内容包括职教师资培养模式、国际职教师资培养、教育理论课程、质量保障体系、教学资源中心建设和学习平台开发等;三是完成了 18 个专业大类职教师资资格标准及认证考试标准开发。上述成果,共计 800 多本正式出版物。总体来说,培养资源开发项目实现了高效益:形成了一大批资源,填补了相关标准和资源的空白;凝聚了一支研发队伍,强化了教师培养的"校—企—校"协同;引领了一批高校的教学改革,带动了"双师型"教师的专业化培养。职教师资培养资源开发项目是支撑专业化培养的一项系统化、基础性工程,是加强职教教师培养培训一体化建设的关键环节,也是对职教师资培养培训基地教师专业化培养实践、教师教育研究能力的系统检阅。

自 2013 年项目立项开题以来,各项目承担单位、项目负责人及全体开发人员做了大量深入细致的工作,结合职教教师培养实践,研发出很多填补空白、体现科学性和前瞻性的成果,有力推进了"双师型"教师专门化培养向更深层次发展。同时,专家指导委员会的各位专家以及项目管理办公室的各位同志,克服了许多困难,按照两部对项目开发工作的总体要求,为实施项目管理、研发、检查等投入了大量时间和心血,也为各个项目提供了专业的咨询和指导,有力地保障了项目实施和成果质量。在此,我们一并表示衷心的感谢。

编写委员会

2016 年 3 月

教育部高等学校中等职业学校教师培养教学指导委员会

项目专家指导委员会

前　言

为了全面提高职教师资的培养质量，"十二五"期间教育部、财政部在"职业院校教师素质提高计划"框架内专门设置了职教师资培养资源开发项目，系统开发用于职教师资本科专业培养的培养标准、培养方案、核心课程和特色教材等资源，目标是形成一批职教师资优质资源，不断提高职教师资培养质量，完善职教师资培养体系建设，更好地满足现代职业教育对高素质专业化"双师型"职业教师的需要。

本书是教育部、财政部职业院校教师素质提高计划职教师资培养资源开发项目的能源与动力工程专业项目（VTNE018）的核心成果之一。依据教育部颁布的《中等职业学校教师专业标准（试行）》，通过参照该项目所研发的《中等职业学校能源与动力工程专业教师标准》，以职业教育专业教学论的视角，我们编写了这本针对能源与动力工程专业职教师资培养的特色教材，力求遵循职教师资培养的目标和规律，将理论与实践、专业教学与教育理论知识、高等学校的培养环境与中等职业学校（简称职校）专业师资的实际需求有机地结合起来，聚焦于形成职教师资本科学生的职业综合能力。本书是能源与动力工程职教师资本科专业培养的必修课教材，也是该专业的核心课程教材。本书的编写思路是：解构传统意义上的学科知识体系，重构并形成基于工作过程的职业行动体系，通过工作过程导向、任务驱动、项目教学及现场教学等的工学结合等方式，将职业岗位的工作任务转换成课程学习任务，构成基于学习情境的学习目标、教学实现方法和能力目标，教材具有鲜明的职业师范教育的特色、专业的独特性和一定的创新性，其具体特点如下：

1. 以工作过程系统化职业教学法为核心。教材开发基于工作过程系统化理论，重点讲述了工作过程系统化的内涵、理念以及课程构建。

2. 以能源与动力工程专业为课程主线，系统、全面地介绍了能源与动力工程专业的历史、发展及趋势，讲明了职业教育对象的特点，论述了本专业职业教育师资培养过程及教师的终身学习和自我成长，解释了教学环境在现代职业教育中的重要地位。

3. 实例分析更加贴近于真实的课程环境。教材选取能源与动力工程专业的实际教学案例，采用不同的教学法予以展示。实例的呈现配以数字化资源（教学视频），能够使教学效果更加直观、生动。

本书由郑州轻工业大学能源与动力工程学院尹亚领担任主编，范玮超担任副主编，郑州市电子信息工程学校孟凡超参编。在编写过程中，得到了职教师资培养资源开发项目专家指导委员会刘来泉研究员、姜大源研究员、吴全全研究员、张元利教授、韩亚兰教授和沈希教授等专家学者的悉心指导和帮助。陕西科技大学曹巨江教授对本书的编写也给予了大力支持。郑州市电子信息工程学校陈清顺老师提供了大量的教学资料，使得教材内容更加丰富和翔实。在此向他们表示衷心的感谢！

由于编者的知识水平和专业能力有限，本书难免有疏漏、错误或不当之处，恳请使用和阅读本书的读者予以批评指正。

编　者

目　　录

第1章 能源与动力专业现状与发展前景

能源与动力工程致力于传统能源的利用、新能源的开发，以及如何更高效的利用能源。能源既包括水、煤、石油等传统能源，也包括核能、风能、生物能等新能源，以及未来将广泛应用的氢能。动力方面则包括内燃机、锅炉、航空发动机、制冷及相关测试技术。2012年教育部新版高校本科专业目录中调整热能与动力工程为能源与动力工程。

20世纪50年代，因为当时新中国刚刚成立不久，一切都百废待兴，我国借鉴了苏联教育方式，将热能动力工程领域进行了非常详细的专业划分，如锅炉、内燃机等小专业，当时人才培养的格局是首先进行工业产品的生产，然后再用其培养人才，这样的培养方式对当时我国发展情况来说起到了一定的积极作用，也为我国培养出了大量的热能动力工程的专业人才，但是随着改革开放，尤其是市场经济体制的确定，对该领域的人才提出了更高的要求，为了满足社会主义现代化建设的需要，其培养模式也需要进行一定的改变。因此，从20世纪90年代初，将热能动力工程纳入本科专业目录，将原来划分的小专业进行有效的整合，最后压缩为9个专业，经过几年的实践，在20世纪90年代末，教育部将前述的9个专业整合为一体，即热能与动力工程专业。整合后的该专业是一项应用性非常强的专业，其学习的内容更有针对性，其涉及的领域也非常广泛，尤其是在锅炉和能源方面应用更加广泛。

1.1 能源与动力在锅炉及煤燃烧领域发展现状

国内的大型褐煤锅炉发展始于20世纪70年代，首台670t/h超高压中间再热褐煤炉配风扇磨直吹式制粉系统，采用前后墙对冲燃烧方式于1972年在辽宁朝阳电厂投运。随着国内经济的发展，国内某锅炉厂在1985—1986年根据技术引进合同与美国CE公司在美国完成了元宝山3号炉设计，锅炉于1996年顺利投运，为国内首台容量最大的中速磨（MPS）切向燃烧的褐煤锅炉。这标志着国内第二代褐煤锅炉的形成。20世纪90年代初，国内各锅炉厂在吸收和消化引进技术的基础上自主开发300~600MW亚临界机组的褐煤炉，其中300MW等级最为典型的是辽宁双辽褐煤锅炉，该锅炉采用自然循环、六角切向燃烧，制粉系统采用风扇磨直吹式系统，干燥剂为热炉烟加热风两种介质，该锅炉于1994年9月成功投运。600MW等级最为典型的是某锅炉厂设计制造的元宝山3号炉，该锅炉为亚临界控制循环，制粉系统为热风干燥，配8台MPS-255型中速磨直吹式，四角切向燃烧，全水分M_t为21%~25%的褐煤锅炉，于1998年3月投入运行。这可以认为是国内第三代褐煤锅炉的形成。随后几年，由于国内经济的急速发展，对电力的需求量急剧变大，高效、低污染的经济型机组成为发展趋势。2004年6月末，某锅炉厂与国外某公司联合开发辽宁清河600MW超临界褐煤锅炉，该锅炉为超临界参数、Ⅱ形布置、螺旋管圈水冷壁、前后墙对称燃烧、制粉系统为中速磨直吹式。这标志着国内第四代褐煤锅炉的诞生。

德国有着丰富的燃用高水分褐煤的经验。世界上拥有百万等级褐煤锅炉的主要国家是德国，其最大的超超临界褐煤锅炉为装于NiedrauBem电厂的950MW锅炉，塔式布置、单切圆燃烧、正方形炉膛、主汽压力为 26.5MPa。其他的百万等级褐煤，如 Lippendorf 的 940MW 锅炉、Frimmerdorf 的 915MW 和 SchwarzePumpe 的 815MW 锅炉。美国在 20 世纪六七十年代生产的容量为 500~800MW 的褐煤锅炉大部分为亚临界控制循环和自然循环锅炉，也有少量为超临界直流锅炉，因生产年代久远，无论锅炉设计和蒸汽参数均已落后。

国内目前已投运的 300MW 以上的褐煤锅炉大多数为进口机组，如元宝山 1 号炉为瑞士苏尔寿公司制造的低倍率复合循环炉，出力 921t/h，配 300MW 汽轮发电机组；2 号炉为德国斯坦缪勒公司供货的塔式布置亚临界直流炉，出力 1832t/h，配 600MW 机组，于 1985 年 12 月 28 日投入运行；伊敏电厂 500MW 超临界锅炉由苏联波多尔斯克奥尔忠尼启则机械厂制造。其中国内已投运最大的褐煤锅炉为 600MW 亚临界锅炉，该机组为控制循环、配以中速磨直吹式系统。近两年，在东北和内蒙古地区新增一批坑口褐煤机组，如霍林河 600MW、上都 600MW 等。目前，各锅炉制造厂正着手进行大容量、高参数、高效率、低污染的褐煤锅炉研究与开发。

褐煤锅炉的容量由亚临界机组过渡到 600MW 等级，超临界和超超临界机组向 1000MW 发展；同时逐渐开发 600~1000MW 超临界、超超临界国产机组。锅炉整体向大容量、高参数、环保型、清洁型、高效型机组发展。

近年来，由于国内褐煤锅炉的设计制造水平大幅度提高，机组的容量也进一步的提高，其中新设计的机组多以 600MW 亚临界、超临界居多，目前正进行超超临界等级的研究工作。对于锅炉参数方面，亚临界锅炉主要以空冷为主，主汽流量比较大；而超临界机组的参数比较高；正在开发的超超临界机组主汽温度可达到 605℃，主汽压力可达到 27.15MPa。国外机组德国新增褐煤锅炉容量较大，为 800~1000MW，但蒸汽参数与日本公司不同，压力高但温度较低；其他国家新增的褐煤锅炉容量以 600~700MW 居多，而且以亚临界和超临界参数居多，所以 600~1000MW 等级大容量、高参数褐煤锅炉成为机组容量和参数选择的主要趋势。

目前国内外比较流行的燃用褐煤的机组有两种形式，一种是 Ⅱ 形布置，另一种为塔式布置。国外褐煤锅炉主要以塔式布置为主，其中以德国 EVT 为代表，锅炉容量可达到 1000MW 等级超超临界。而国内现运行的燃用褐煤的锅炉有塔式布置，也有 Ⅱ 形布置。其中塔式布置的有元宝山 2 号亚临界锅炉和伊敏电厂 500MW 超临界锅，但均为进口机组。其余运行的如元宝山 3 号炉、双辽 300MW、通辽 600MW 和上都 600MW 亚临界均为 Ⅱ 形布置，而且为国内设计制造。近两年新增的大容量、高参数、低污染机组以 Ⅱ 形布置为主，塔式布置仅在于研究阶段。

随着锅炉设计水平的提高，过热器和再热器的调温手段越来越多，机组运行的安全性也越来越高。已经由过去的过热器调温采用两级喷水调温改变为三级喷水调温或者喷水调温 + 水煤比调温；再热器由原来的汽-汽加热器调温改变为摆动燃烧器调温或挡板调温 + 喷水调温，以及新设计的超超临界采用摆动燃烧器 + 挡板 + 喷水调温，使受热面的调温手段进一步增加。大容量、高参数的褐煤机组，由于煤质的变化范围比较大，往往一种调温手段不能满足机组的安全稳定运行，将来会有更多的调温手段应用于大容量、高效、低污染的褐煤机组。

褐煤属于高水分、低发热值、高挥发分、低磨损灰分、熔点比较低及结焦性强的煤种，制粉系统可以采用风扇磨或中速磨。对于这两种制粉系统，各有特色，风扇磨对水分的适应性好，干燥剂介质组成灵活，但需要从炉膛水冷壁两侧墙上部抽取高温炉烟，高温炉烟的管道布置比较困难。而中速磨适应于水分较低的褐煤，且运行周期长，提升压头高。采用风扇磨燃烧器需要布置八角或者六角，而中速磨燃烧器可以采用水平摆动四角切圆燃烧器，大大降低了 NO_x 的排放量。从长远来看，低 NO_x 燃烧器是大容量、高参数机组发展的方向。

1.2 热泵技术的发展概况

热泵技术是近年来在全世界倍受关注的新能源技术。人们所熟悉的"泵"是一种可以提高位能的机械设备，如水泵主要是将水从低位抽到高位。而"热泵"是一种能从自然界的空气、水或土壤中获取低位热能，经过电能做功，提供可被人们所用的高位热能的装置。

地源热泵是热泵的一种，是以大地或水为冷热源对建筑物进行冬暖夏凉的空调技术，地源热泵只是在大地和室内之间"转移"能量。利用极小的电力来维持室内所需的温度。在冬天，1kW 的电力，将土壤或水源中 4~5kW 的热量送入室内。在夏天，过程相反，室内的热量被热泵转移到土壤或水中，使室内得到凉爽的空气。而地下获得的能量将在冬季得到利用。如此周而复始，将建筑空间和大自然联成一体。以最小的代价获取了最舒适的生活环境。

通常用于热泵装置的低温热源是人们周围的介质——空气、河水、海水，城市污水，地表水，地下水，中水，消防水池，或者是从工业生产设备中排出的工质，这些工质常与周围介质具有相接近的温度。热泵装置的工作原理与压缩式制冷机是一致的，在小型空调器中，为了充分发挥其效能，夏季空调降温或冬季取暖，都是使用同一套设备来完成。冬季取暖时，将空调器中的蒸发器与冷凝器通过一个换向阀来调换工作。

在夏季空调降温时，按制冷工况运行，由压缩机排出的高压蒸汽，经换向阀（又称四通阀）进入冷凝器；在冬季取暖时，先将换向阀转向热泵工作位置，于是由压缩机排出的高压制冷剂蒸汽，经换向阀后流入室内蒸发器（做冷凝器用），制冷剂蒸汽冷凝时放出的潜热，将室内空气加热，达到室内取暖的目的，冷凝后的液态制冷剂，从反向流过节流装置进入冷凝器（做蒸发器用），吸收外界热量而蒸发，蒸发后的蒸汽经过换向阀后被压缩机吸入，完成制热循环。这样，将外界空气（或循环水）中的热量"泵"入温度较高的室内，故称为"热泵"。上海冰箱厂生产的 CKT-3A 型窗式空调器，就是一种热泵式空调器。

在热泵循环中，从低温热源（室外空气或循环水，其温度均高于蒸发温度 t_0）中取得 $Q_0(\text{kcal/h})$ 的热量，消耗了机械功 $A_L(\text{kcal/h})$，而向高温热源（室内取暖系统）供应了 $Q_1(\text{kcal/h})$ 的热量，这些热量之间的关系是符合热力学第一定律的，即 $Q_1=Q_0+A_L$，单位为 kcal/h。

如果不用热泵装置，而用机械功所转变成的热量（或用电能直接加热高温热源），则所得的热量为 A_L（kcal/h），而用热泵装置后，高温热源（取暖系统）多获得了热量：$Q_1-A_L=Q_0$，单位为 kcal/h。

此一热量是从低温热源取得的，如果不用热泵装置，就无法取得这一热量。故用热泵装置既可节省燃料，又可利用余热。

热泵的工作循环与热机的工作循环正好相反，热机是利用高温热源的能量来产生机械功的，而热泵是靠消耗机械功将低温热源的热量转移到高温物体中去。

若热泵与热机具有两个相同的热源温度，则热机循环的热效率 $\eta = A_L / Q_1$；热机循环的能量指标——热量转换系数 $\phi = Q_1 / A_L$，故 $\phi = 1/\eta$。η 值总是小于 1 的，故 ϕ 值是大于 1 的。

若制冷机与热泵具有两个相同的热源温度，则它们之间的关系为：$\phi = Q_1/A_L = (Q_0 + A_L)/A_L = \varepsilon + 1$，$\varepsilon$ 是制冷机的制冷系数。由此可以看出，热量转换系数的最小值是 $\phi = 1$，在此极限情况下 $Q_0 = 0$，即没有从低温热源吸取热量。

1.2.1　热泵技术原理

热泵（Heat Pump）是一种将低位热源的热能转移到高位热源的装置，也是全世界倍受关注的新能源技术。它不同于人们所熟悉的可以提高位能的机械设备——"泵"；热泵通常是先从自然界的空气、水或土壤中获取低品位热能，经过电力做功，然后再向人们提供可被利用的高品位热能。

水从高处流向低处，热由高温物体传递到低温物体，这是自然规律。然而，在现实生活中，为了农业灌溉、生活用水等的需要，人们利用水泵将水从低处送到高处。同样，在能源日益紧张的今天，为了回收通常排到大气中的低温热气、排到河川中的低温热水等中的热量，热泵被用来将低温物体中的热能传送到高温物体中，然后高温物体来加热水或采暖，使热量得到充分利用。

热泵系统的工作原理与制冷系统的工作原理是一致的。要搞清楚热泵的工作原理，首先要懂得制冷系统的工作原理。制冷系统（压缩式制冷）一般由四部分组成：压缩机、冷凝器、节流阀和蒸发器。其工作过程为：低温低压的液态制冷剂（如氟利昂），首先在蒸发器（如空调室内机）中从高温热源（如常温空气）吸热并汽化成低压蒸汽。然后制冷剂气体在压缩机内压缩成高温高压的蒸汽，该高温高压气体在冷凝器内被低温热源（如冷却水）冷却凝结成高压液体。再经节流元件（如毛细管、热力膨胀阀、电子膨胀阀等）节流成低温低压液态制冷剂。如此就完成一个制冷循环。

热泵的性能一般用性能系数（COP，也称为制冷系数）来评价。制冷系数的定义为由低温物体传到高温物体的热量与所需的动力之比。通常热泵的制冷系数为 3~4，也就是说，热泵能够将自身所需能量的 3~4 倍的热能从低温物体传送到高温物体。所以热泵实质上是一种热量提升装置，工作时它本身消耗很少一部分电能，却能从环境介质（如水、空气、土壤等）中提取 4~7 倍于电能的能量，提升介质温度进行利用，这也是热泵节能的原因。欧美日都在竞相开发新型的热泵。据报道，新型的热泵的制冷系数为 6~8。如果这一数值能够得到普及，则意味着能源将得到更有效的利用。热泵的普及率也将得到惊人的提高。

热泵热水器的基本原理：它主要由压缩机、热交换器、轴流风扇、保温水箱、水泵、储液罐、过滤器、电子膨胀阀和电子自动控制器等组成。接通电源后，轴流风扇开始运转，室外空气通过蒸发器进行热交换，温度降低后的空气被风扇排出系统，同时，蒸发器内部的工质吸热汽化被吸入压缩机，压缩机将这种低压工质气体压缩成高温高压气体送入冷凝器，被水泵强制循环的水也通过冷凝器，被工质加热后送去供用户使用，而工质被冷却成液体，该液体经膨胀阀节流降温后再次流入蒸发器，如此反复循环工作，空气中的热能被不断"泵"送到水中，使保温水箱里的水温逐渐升高，最后达到 55℃ 左右，正好适合人们洗浴，这就是空气源热泵热水器的基本工作原理。

压缩机出气为高温高压气体，经冷凝器换热变为高压低温气液混合物，失去的热量由热水带走为用户供热，经储液罐和膨胀阀变为低压低温气体进入蒸发器蒸发吸热，吸收外界低品位的热能（可以是江河、湖泊、地下水、地下土壤层、空气等，即人们所说的水源、地源、空气源），最后蒸发器出来的低压气体进入压缩机完成循环。

热泵热水器是空调器的演变产品，在制冷系统中装上电磁四通阀（又称换向阀），通过四通阀的切换方向，改变制冷剂的流动方向，空调器就能制热。压缩机排出的高温高压蒸汽状的制冷剂流向保温水箱里的冷凝器，将热量传给通过水箱的自来水，然后通过膨胀阀节流降压，在室外热泵主组的蒸发器中蒸发吸热，用工质吸收室外空气中的热量。热泵热水器就是这样吸收室外空气中的热量，向保温水箱内自来水传递，它比单纯用电加热器制热更能省电、快速、安全，且室外热能潜力无限大。

1.2.2 空气源热泵发展现状

当今世界，节能与环保问题日益受到重视。以燃煤为基础的供暖模式所带来的负面影响越来越不能适应社会可持续发展的要求。空气源热泵以其独特优点成为热泵诸多形式中应用最为广泛的一种，但是它的应用受到气候条件的约束。随着室外气温的不断下降，室内采暖热负荷会不断增加，同时传统空气源热泵将会产生下列问题：

1）随着室外气温的降低，制冷剂吸气比体积增大，机组吸气量迅速下降，从而减少热泵系统的制热量，不能满足室内最大采暖热负荷。

2）由于压缩机压缩比的不断增加，压缩机的排气温度迅速升高。在很低的室外温度下，压缩机会因防止过热而自动停机保护，这使得热泵只能在不太低的室外气温下运行。

3）由于压缩机压力比的增大，系统的COP急剧下降。

4）如果热泵只为低温情况下设计，那么它的制热量远远大于较高室外温度下所需热负荷。当热泵在较高室外温度情况下运行时，需要循环的启闭来减少其制热量，这样会降低系统性能。

针对传统空气源热泵的以上局限性，国内外专家学者纷纷提出了不同的解决方案。其中包括：带中间冷却器或经济器的二级压缩热泵系统，带经济器的准二级压缩热泵系统，以提高润滑油流量来冷却压缩机的热泵系统，采用变频技术、辅助加热器、复叠式蒸气压缩的热泵系统，以及双级耦合热泵系统等。

空气源热泵应用于寒冷地区冬季制热时，系统制热量随着室外温度的降低而迅速下降。同时，随着吸气压力的降低，压缩机压力比迅速升高，导致排气温度急剧上升。解决空气源热泵的低温适应性，主要应从以下几方面着手研究：增加低温工况下系统工质循环量、控制机组排气温度、优化机组压缩机内部的工作过程、选用适用于大工况范围的制冷剂。通常在同一个低温空气源热泵系统中综合了多个解决途径。

1. 单级低温热泵系统

在室外温度为-30℃，冷凝温度为60℃的工况下，采用专为低温制冷设计的压缩机的单级热泵系统仍然可以稳定运行。这种压缩机主要采用R507、R404为工质，在大压比下仍可稳定运行，不会因过热而停机。但是相对其他低温热泵系统来说，它的COP相对较低。同时，由于压缩机专为低蒸发压力工况设计，在较高室外气温下其性能降低。随着室外温度的升高，系统的制热量逐渐增加，但是室内采暖热负荷减小，这使得热泵系统运行时间短，从而降低系统运行效率。单级低温热泵系统可以综合变频技术、并联压缩机或可替换压缩机方式、蓄热系统，但是这样会增加单级系统的投资，从而丢掉了其最大的优点——低廉的安装费用。

2. 带油冷却的单级压缩热泵系统

在压缩过程中使用在排气管路中分离出的大量的油来降低制冷剂温度是另一种降低排气温度的方法。带油冷却的单级压缩热泵系统流程图如图1-1所示。

冷却过程发生在冷凝器中，换热后的油回到压缩机油路进口。较低的排气温度使得压缩机输入功率减小，同时系统在较低的吸气压力下运行。但是油的温度高于蒸发温度，因而增

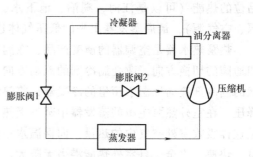

图1-1　带油冷却的单级压缩热泵系统流程图

加了系统过热度，从而增加压缩机功耗，同时降低了系统的 COP。总之，如果系统设计合理，在不用过多增加安装费用的情况下可以提高系统的运行效率，并且可以在较低室外温度下稳定运行。

3. 带中间冷却器的二级压缩热泵系统

带中间冷却器的二级压缩热泵系统如图1-2所示。这种系统主要是应用于蒸发温度和冷凝温度相差较大的工况，并且在室外气温较高时可以单独使用一个压缩机，从而减少制热量。通过两级压缩之间对制冷剂的冷却，第二级压缩后的排气温度明显降低，这使得空气源热泵运行的温度适应性大大提高。但是由于中间冷却器是由循环热水来进行冷却的，这样冷却器的温度较高，低压级压缩机的制冷剂不能被冷却至饱和状态，这样会使得系统运行不能达到最佳 COP。

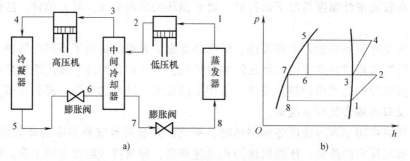

图1-2　带中间冷却器的二级压缩热泵系统
a）流程图　b）压焓图

4. 带经济器的二级压缩热泵系统

带经济器的二级压缩热泵系统如图1-3所示。在带经济器的二级压缩热泵系统高压级压缩机吸气处，一定量的两相制冷剂与低压级压缩机排出的高温气态制冷剂相混合。这样压缩机排气温度过高现象得以解决，同时，由于经济器中的换热，使得从冷凝器来的制冷剂在进入膨胀阀之前过冷，从而提高系统的 COP。但是该系统要准确控制好进入高压级压缩机制冷剂状态。带经济器的二级压缩热泵系统相对于其他低温热泵系统有较高的运行效率。但是它的安装费用较高，在逆运行除霜及空调用方面有一定的局限性。

5. 带经济器的准二级压缩热泵系统

在20世纪80年代中期国内学者提出了带经济器的准二级压缩热泵系统，并在螺杆机组中得到成功应用。经研究，在-30℃工况下，该系统完全可以取代双级压缩系统。但是螺杆

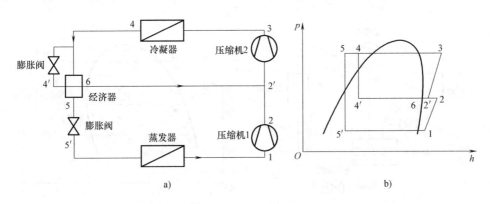

图 1-3 带经济器的二级压缩热泵系统
a) 流程图 b) 压焓图

机组容量一般较大,同时其相对于双级压缩系统的优点随蒸发温度的上升而不明显,长期以来它的研究仅仅局限于低温制热情况。

带辅助进气口的涡旋压缩机实现带经济器的准二级压缩空气源热泵于 2000 年被提出,用来提高空气源热泵在低温工况下的制热性能。经济器系统分为过冷器系统和闪发器系统。带过冷器的涡旋压缩机准二级压缩热泵系统如图 1-4 所示。该系统结构简单,无须对常规系统进行很大改造。在较低环境温度时能够稳定运行,且制热量能够满足冬季采暖热负荷。通过启闭补气回路的截止阀来实现准二级压缩模式与单级压缩模式之间的转换,使系统在正常制热/制冷及低温制热工况下的经济性得到较好兼顾。带闪发器的涡旋压缩机准二级压缩热泵系统如图 1-5 所示。通过理论与实验数据的分析比较得出:在低温工况下,闪发器前节流系统比过冷器系统更能有效地提高空气源热泵的低温制热性能,同时由于其结构简单,成为寒冷地区小型空气源热泵的较佳选择。

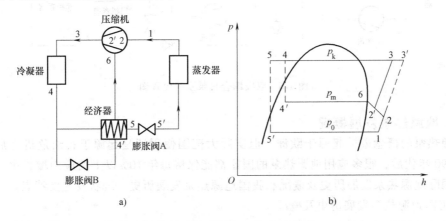

图 1-4 带过冷器的涡旋压缩机准二级压缩热泵系统
a) 流程图 b) 压焓图

p_k—冷凝压力 p_m—中间压力 p_0—蒸发压力

6. 双级耦合热泵系统

双级耦合热泵系统由一级侧循环(空气-水热泵机组)和二级侧循环(水-水热泵机组)

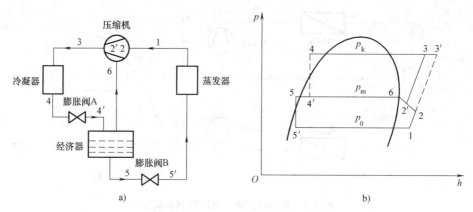

图 1-5　带闪发器的涡旋压缩机准二级压缩热泵系统

a）流程图　b）压焓图

通过中间水环路耦合在一起，其流程如图 1-6 所示。该系统可根据室外气温进行单、双级交替运行，使其可以很好地适应室内负荷波动。在双级工况下，一级侧循环运行条件和供暖特性均得到有效改善，且中间水环路不存在回灌等技术难题。因此，双级耦合热泵系统也是一种适用于寒冷地区的新型供暖系统。

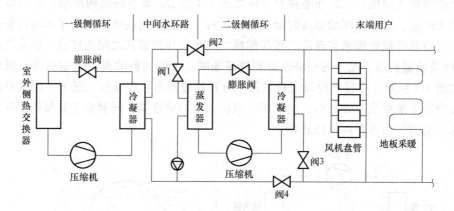

图 1-6　双级耦合热泵系统流程图

1.2.3　地源热泵发展概况

地源热泵的概念最早起源于欧洲，但实际大范围使用还是起源于石油危机之后。进入20 世纪 90 年代后，很多应用地源热泵的国家都能保持每年 10% 以上的应用增长率。本节内容介绍国际地源热泵发展历史及概况和我国地源热泵发展历史、现状及主要特点。

1. 美国地源热泵发展历史及概况

美国的地源热泵起源于地下水源热泵，包括土壤源热泵和地下水源热泵。由于土壤源热泵的初投资高、计算复杂以及金属管的腐蚀等问题，早期美国的地源热泵中土壤源热泵占的比例比较小，主要以地下水源热泵为主。

早在 20 世纪 50 年代，美国市场上就开始出现以地下水或者河湖水作为热源的地源热泵系统，并用它来实现采暖，但由于采用的是直接式系统，很多系统在投入使用 10 年左右的时间由于腐蚀等问题失效了，地下水源热泵系统的可靠性受到了人们的质疑。

20 世纪 70 年代末 80 年代初，在能源危机的促使下，人们又开始关注地下水源热泵。通过改进，水源热泵机组扩大了进水温度范围，加上欧洲板式换热器的引进，闭式地下水源热泵逐渐得到广泛应用。与此同时，人们也开始关注土壤源热泵系统。在美国能源部（DOE）的支持下，美国橡树山（Oak Ridge National Laboratory，ORNL）和布鲁克海文（Brookhaven National Laboratory，BNL）等国家实验室和俄克拉荷马州立大学（Oklahoma State University，OSU）等研究机构进行了大量的研究。主要研究工作集中在地下换热器的传热特性、土壤的热物性、不同形式埋管换热器性能的比较研究等。为了解决腐蚀问题，地埋管也由金属管变成了聚乙烯等塑料管。至此，美国进行了多种形式的地下埋管换热器的研究、安装和测试工作。现在美国所安装的土壤源热泵主要是闭式环路系统，它根据塑料管安装形式的不同可分水平埋管和垂直埋管，此系统可以被高效地应用于任何地方，也正是土壤源热泵系统的广泛应用，推动了最近几十年美国地源热泵产业的快速增长。

1998 年美国能源部要求在具有使用条件的联邦政府机构建筑中，推广应用土壤源热泵系统。为了表示支持这种节能环保的新技术，美国总统布什在他得克萨斯州的宅邸中也安装了这种地源热泵系统。进入 21 世纪后，美国地源热泵的使用量随着其建筑规模的扩大也逐渐增加。

从 2005—2007 年美国地源热泵呈现快速增长趋势，目前地源热泵在美国 50 个州都有应用，2007 年全年地源热泵系统超过了 45000 套。美国地源热泵发展中遇到的障碍主要有：①地源热泵系统相对传统系统以及空气源热泵的一次投资较大。由于初期投资涉及大量的地下施工，北美地区高昂的劳动力成本使得地源热泵系统的初期投资可超过常规系统 100% 乃至 150%，目前每米环路的费用是 11.5~55.8 美元，平均每米为 36 美元。初期投资过高极大地限制了地源热泵的应用。在目前的应用中，主要还是以公立的学校，尤其是中小学为主，其次是联邦的公用设施，包括军用设施。在真正的私人投资的商用建筑中使用的比例要低于前两者。②各种地方法规对地源热泵使用的限制。③承包商施工的不规范。④水平埋管土壤源热泵系统需要大量的土地面积。为了促进地源热泵的发展，美国地方政府也相继出台了很多激励措施来鼓励地源热泵的发展，见表 1-1。截至 2009 年，美国在运行的地源热泵系统约为 100 万套，地源热泵系统年消耗一次能源约为 $7.47×10^6 kW·h$，为 1990 年的 5 倍。

表 1-1　美国地源热泵的激励措施

州	计划名称	概述
伊利诺伊州	The Governor's Small Business Smart Energy Program	对既有建筑进行节能评估，同时给出节能整改意见和方案，同时改进筹款机制
印第安纳州	Indiana Energy Education & Demonstration Grant Program	奖励小规模的节能和使用可再生能源的示范项目。对象为商业，非盈利的公共机构，以及地方政府部门（包括公立学校）
马萨诸塞州	Sales Tax Exemption	对于州内的个人住宅，免除地源热泵国家营业税（5%）。不适用于商业建筑
	Green Schools Initiative	对可行性分析、设计、建造提供信息和财政帮助。采用可再生能源的绿色公立学校开展绿色教育。授权的可行性研究资助 20000 美元，对设计和建造资助 639000 美元
蒙大拿州	Residential Income Tax Credit	允许居民由于地源热泵的安装申请 1500 美元的免税
	Universal System Penefits Program Renewable Energy Fund	西北能源公司周期性地向可再生能源工程提供资金帮助

(续)

州	计划名称	概 述
纽约州	New York Energy Smart SM Loan Fund	对节能和可再生能源项目给予为期 10 年或者整个贷款期降低贷款利率的激励
	New Construction Program	对于安装有节能设备或者超过国家节能标准的建筑给予政府财政补贴。对于单个地源热泵工程最大的补贴为 50000 美元
	FlexTech Services for Energy Feasibility Studies	由能源工程师进行能量可行性研究来确立节能方案。这个计划可分担高达 50000 美元的费用。可行性研究可能包括地源热泵系统的比较分析
	Long Island Power Authority Rebate Program	对于采用地源热泵系统的个人或者商业用户给予补助。对于住宅，安装地源热泵系统给予 600 ~ 800 美元/t。对于改造的给予 150~250 美元/t
北达科他州	Income Tax Credit	任何该州的纳税人都可以因为地源热泵系统的安装而申请为期 5 年的个人所得税减免 3% 的优惠
	Tax Exemption	对于安装了地源热泵系统 5 年的免除当地财产税
威斯康星州	Renewable Energy Program	业主可以借 1000~20000 美元的低息贷款

2. 欧洲主要国家地源热泵发展历史及概况

20 世纪 50 年代，欧洲开始了研究地源热泵的第一次高潮，但由于当时的能源价格较低，这种系统并不经济，因而未得到推广。1973 年第一次石油危机之后，美国、日本已经有了热泵市场，两个国家都在运用各自的知识和经验来促进热泵的销售量，而当时欧洲的两个组织欧洲经济共同体（EWG）和欧洲自由贸易联盟（EFTA）都在致力于用太阳能的研究来解决能源问题，直到第二次石油危机之后，欧洲才开始关注热泵系统，逐步引入了用室外空气、通风系统中的排气、土壤、地下水等为热源的热泵机组，与美洲不同，欧洲的热泵系统一般仅用来供热或提供生活热水。欧洲地源热泵发展初期，专家与安装工人之间缺乏沟通，导致在一段时间的快速增长之后，市场上充斥了许多设计、安装失败的项目，并且由于价格较传统系统高很多，地源热泵销售量出现明显地下降，大部分热泵企业也纷纷倒闭，只有几家大型企业生存了下来。近年来，随着油价与电价的上扬，政府对降低能耗和环境污染的法律制定越来越严格，为了提高能源利用率、实现《联合国气候变化框架公约（京都议定书）》确定的减排义务、发展可再生能源和确保能源安全供应，欧洲议会和欧盟理事会于 2002 年 12 月通过了《建筑能效指令 2002/91/EC》，该指令的制定意味着欧盟各国加强了对建筑节能技术的研究和管理，地源热泵作为一项有力的节能措施迎来了它的又一次高潮。欧洲主要的热泵组织为欧洲热泵协会（EHPA），主要是由热泵生产厂家、国家热泵组织者、研究和测试机构组成。目的在于传播热泵及其对温室气体减排贡献率的信息，提高热泵的认知度，激励热泵市场的发展；传播适合整个欧洲热泵系统和谐一致的章程。目前在 EHPA 组织下进行的项目有：EU-CERT，目的是研究一个对热泵安装者的培训和认证的办法，来确保工程质量，安装者被授予的资格证书在欧洲所有的国家都被认可；SHERPHA，目的在于开发下一代热泵系统，系统采用天然制冷剂，如氨、二氧化碳和丙烷，它们破坏臭氧层潜能值 ODP 为 0，且仅有很低的 GWP（即全球变暖潜力）效应；Ground-Reach，目的是通过地源热泵技术实现京都议定书节能减排目标；Therra，目的是开发一种方法论用来计算利用可再生能源供热所带来的收益。

瑞典、奥地利、德国的地源热泵系统发展的数量比较多，整体容积量比较大，丹麦、希腊的平均机组容量最大。从发展速度来看，瑞典以每年约安装 4 万套地源热泵系统，居欧洲第一。除瑞典外，德国、法国、芬兰、瑞士、奥地利、挪威的市场增长也很快，在 2006 年，奥地利市场的增长速度为 45%，德国市场的增长速度为 120%。2008 年，欧洲整体装机台数为 13.5 万~19 万。

3. 我国地源热泵发展历史及现状

总体而言，地源热泵在我国的发展可以分为三个阶段：

（1）起步阶段（20 世纪 80 年代—21 世纪初）　从 1978 年开始，中国制冷学会第二专业委员会连续主办全国余热制冷与热泵学术会议。自 20 世纪 90 年代起，中国建筑学会暖通空调委员会、中国制冷学会第五专业委员会主办的全国暖通空调制冷学术年会上专门增设了有关热泵的专项研讨，地源热泵概念逐渐出现在我国科研工作者的视野并得到逐步重视。2002 年又于北京组织召开了第七届国际能源组织热泵会议。可以看出，我国对热泵技术的研究起步较早。

早期的辽阳市邮电新村项目属于我国集成商与设备厂商对地源热泵技术进行的初期摸索。1997 年的中国科技部与美国能源部正式签署的《中美能源效率及可再生能源合作议定书》是我国地源热泵真正起步的标志性事件，双方政府从国家政府最高层面对地源热泵进行扶持和引导，这个合作对我国地源热泵初期发展起到了引导的作用，从专业人员到政府管理部门都逐渐认识并且接受了这个高效节能的系统，一些建设人员、专业设计人员开始主动学习了解这个系统。

这个阶段，地源热泵概念开始在暖通空调技术界人士中扩散，相关的设计人员、施工人员、集成商、产品生产商等也逐渐被这个概念所吸引，但整体看来，这一时期地源热泵技术还没有被市场所接受，专业技术人员对该技术普遍不了解，相关地源热泵机组和关键配件不齐全、不完善，造成这一阶段地源热泵系统发展规模不大，进展速度不快，所以将这个阶段称为我国地源热泵的起步阶段。

（2）推广阶段（21 世纪初—2004 年）　进入 21 世纪后，地源热泵在我国的应用越来越广泛，截至 2004 年底，我国制造地源热泵机组的厂家和系统集成商有 80 余家，地源热泵系统在我国各个地区均有应用。

这个阶段相关科学研究也极其活跃。2000—2003 年的四年间，年平均专利 71.75 项，为 1989—1999 年年平均专利的 4.9 倍，有关热泵的文献数量剧增，相关高校的硕士、博士论文也不断增多，屡创新高。2001 年，由中国建筑科学研究院空调所徐伟等人翻译的《地源热泵工程技术指南》为我国广大地源热泵工作者普及了相关工程技术的概念和标准化做法，为我国地源热泵从业相关技术人员提供了参考。这个阶段，地源热泵发展逐渐升温，但由于缺乏统一的系统培训，技术实施人员的技术水平参差不齐，某些项目出现了问题，引起了人们对此项技术的担忧，而且房地产开发商更注重降低建设成本，而不注重新技术和建筑室内环境质量与科技理念，部分地源热泵企业在市场拓展方面遇到重重困难。

（3）快速发展阶段（2005 年至今）　2005 年后，随着我国对可再生能源应用与节能减排工作的不断加强，《中华人民共和国可再生能源法》《中华人民共和国节约能源法》《可再生能源中长期发展规划》《民用建筑节能管理条例》等法律法规的相继颁布和修订，外加财政部、住房和城乡建设部两部委对国家级可再生能源示范工程和国家级可再生能源示范城市的逐步推进，更是奠定了地源热泵在我国建筑节能与可再生能源利用中的突出地位，各省市陆续出台相关的地方政策，设备厂家不断增多，集成商规模不断扩大，新专利新技术不断涌现，从业人员不断增多，有影响力的大型工程不断出现，地源热泵系统应用进入了爆发式的快速发展阶段。

截至2009年年底，我国从事地源热泵相关设备产品制造、工程设计与施工、系统集成与调试管理维护的企业已经达到400余家，从全国范围来看，2009年工程数量已经达到7000多个，总面积达1.39亿 m^2。项目比较集中的地区有北京、河北、河南、山东、辽宁和天津，80%的项目集中在我国华北和东北南部地区。

根据中国建筑业协会地源热泵工作委员会对其组成单位相关工程信息的统计，我国土壤源热泵、地下水源热泵、地表水源热泵、污水源热泵四种系统的使用比例分别为：32%、42%、14%、12%。世界银行2006年发布的《中国地源热泵技术市场调查与发展分析》显示，地源热泵这一新兴技术受到广泛关注，不同所有制形式的企业都参与到其开发、应用之中，这些企业的规模从100万元至数亿元不等，其中注册资本在1亿元以上的占25%，5000万元~1亿元的占12.5%，3000万元~5000万元的为25%，3000万元以下的有37.5%。其中5000万元以下的企业占到60%以上，还是以中、小企业居多，说明地源热泵行业目前在我国还处于起步阶段。

由于地源热泵系统可以同时供冷供热，所以无法简单比较其市场产值占我国中央空调或者供热的市场份额，但根据估算，我国2007年地源热泵系统总体市场规模约为72亿元（包括设备、设计、施工、集成），其中水源热泵机组的市场规模约为28亿元，随着国民对清洁能源的需求增加，其市场规模逐年增大。

4. 我国地源热泵的主要特点

1）覆盖面广，各种建筑类型都有应用。从地源热泵系统在不同建筑类型中的使用情况来看，住宅建筑和公共建筑都有涉及。其中住宅项目包括经济适用房、商品房小区、高档公寓、别墅与农村住宅建筑；公共建筑中涉及政府办公建筑、商务办公写字楼、商业购物商场、宾馆酒店、会展中心、医院、休闲健身娱乐度假场所、学校建筑（如图书馆、宿舍）、科研基地与实验室、培训及宣传基地、体育场馆、博物馆等；还有部分工业建筑也使用了此系统，包括产品生产基地与装备制造基地等。根据现有总结资料看出，几乎所有类型的建筑都可以运行地源热泵系统进行冷热供应。

2）各种热泵系统类型均有应用。从统计数据来看，我国土壤、地下水、地表水（如江河湖海、污水）、工业冷却水等均有应用于热泵系统供热供冷的项目，说明我国关于地源热泵的概念普及得比较广泛，应用比较多元化。

3）用于北方供热居多。由于地源热泵系统在供热时的节能效果更加明显，而且其与目前我国正在广泛使用的末端地板辐射系统可以得到很好的配合，所以其在北方得到了更为广泛的应用。由于气候原因及我国各个地区对供暖的需求不同，南方没有集中供热但冬季有热负荷需求的地区，很多建筑更倾向于采用空气源热泵用于加热室内空气，这样对于他们来说更容易调节和计量；南方需要夏季供冷的建筑也更倾向于直接采用中央空调冷水机组进行供冷，因为其技术更加成熟，初投资相对地源热泵更低，而且可以应用于任何建筑。但目前在我国长江流域，地源热泵的概念也在被逐渐接受而且应用于冷热双供，随着这个地区的居民对建筑环境要求的不断提高，相信地源热泵系统在这个地区也能体现出其特有的价值。

4）用于城市城郊居多，农村很少。基于我国目前经济发展水平限制，地源热泵的分布与欧美国家有显著差异，欧美国家的地源热泵系统主要应用于位于乡村无其他能源供应的独立别墅，而我国地源热泵主要应用于城市中的大型公共建筑与居住建筑以及位于城郊无冷热输送管网但冬季需要大面积采暖的度假村、培训中心等建筑。农村建筑中除了少量别墅使用此系统，普通村镇住宅很少使用此类系统。

1.3 制冷低温技术的发展概况

在史前时代，人类已经发现在食物缺少的季节里，如果把猎物保存在冰冷的地窖里或埋在雪里，就能保存更长的时间。在我国，早在先秦时代已经懂得了采冰、储冰技术。

希伯来人、古希腊人和古罗马人把大量的雪埋在储藏室下面的坑中，然后用木板和稻草来隔热，古埃及人在土制的罐子里装满开水，并把这些罐子放在储藏室上面，这样使罐子抵挡夜里的冷空气。在古印度，蒸发制冷技术也得到了应用。当一种流体快速蒸发时，它迅速膨胀，升起的蒸汽分子的动能迅速增加，而增加的能量来自周围的环境中，周围环境的温度因此而降低。

在中世纪时期，冷却食物是通过在水中加入某种化学物质，如硝酸钠或硝酸钾，而使温度降低，1550 年记载冷却酒就是通过这种方法。这就是制冷工艺的起源。

在法国，冷饮是在 1660 年开始流行的。人们用装有溶解的硝石的长颈瓶在水里旋转来使水冷却。这个方法可以产生非常低的温度并且可以制冰。在 17 世纪末，带冰的酒和结冻的果汁在法国社会已非常流行。

第一次记载的人工制冷是在 1784 年，威廉·库伦在格拉斯哥大学做了证明。库伦让乙基醚蒸汽进入一个部分真空的容器，但是他没有把这种结果用于任何实际的目的。

在 1799 年，冰第一次被用作商业目的，从纽约市的街道运河运往卡洛林南部的查尔斯顿市，但遗憾的是当时没有足够的冰来装运。英格兰人 Frederick Tudor 和 Nathaniel Wyeth 看到了制冰行业的巨大商机，并且在 18 世纪上半叶，通过自己的努力革新了这个行业。Tudor主要从事热带地区运冰，他尝试着安装隔热材料和修建冰房，从而使冰的融化量从 66% 减少到 8%；Wyeth 发明了一种切出相同冰块的方法，即快速又方便，从而使制冰业发生了革命性变化，同时也减少了仓储业、运输业和销售业由于管理技术所造成的损失。

在 1805 年，一名美国发明者 Oliver Evans 设计了第一个用蒸汽代替液体的制冷系统，但 Evans 从来没有制造出这种机器。不过美国的一位内科医生 John Gorrie 制造了一个相似的制冷机器。

在 1842 年，弗洛雷达医院的这名美国内科医生 John Gorrie 为了给黄热病患者治疗，他设计和制造了一台空气冷却装置给病房降温。他的基本原理是：压缩一种气体，通过盘管使它冷却，然后膨胀使其温度进一步降低，这也就是今天用得最多的制冷器。后来 John Gorrie停止仅在医院的实践，长期地深入到制冰实验中，在 1851 年获得关于机械制冰的第一项专利。

商业制冷被认为是起源于 1856 年，一名美国商人 Alexander. C. Twinning 最先开创。不久，一名澳大利亚人 James Harrison 检验了 Gorrie 和 Twinning 所用的制冷机，并把蒸气压缩式制冷机介绍给了酿造和肉类食品公司。

在 1859 年，法国的 Fredinad Carre 发明了一种更加复杂的制冷系统。不像以前的压缩机用空气做制冷剂，Garre 发明的设备用快速蒸发的氨做制冷剂（氨比水液化时的温度低，因此可以吸收更多的热量），Garre 发明的制冷机得到了广泛应用，并且蒸气压缩式制冷至今仍是应用最广泛的制冷方法。但是当时这种制冷机成本高，体积大，系统复杂，再加上氨制冷剂有毒性，因此阻碍了这种制冷机在家庭中的普遍应用。许多家庭的冰柜仍使用当地制冷工厂提供的冰块。

从 1840 年开始，运输牛奶和黄油用到了空调汽车。到 1860 年，制冷技术主要运用在海产品和日常用品的冷藏运输上。在 1876 年，密歇根州底特律市的 J. B. Sutherland 获得了人工制冷汽车专利。他设计了一种带有冰室的绝热汽车。空气从顶部流过来，通过冰室，利用重力然后在汽车内循环。在 1867 年，伊利诺伊州的 Parker Earle 制造了第一辆用来运输水果的空调汽车，通过伊利诺伊州中央铁路运送草莓。每个箱子里装 100lb（1lb = 0.45359237kg）冰和 200 夸脱（1 夸脱 = 0.946L）草莓。直到 1949 年，Fred Jones 发明了一种顶置式制冷装置，并获得了专利。

1870 年，在纽约的布鲁克林镇，S. Liebmanns 的太阳酿造公司开始用吸收式机械，这是美国北部酿造业广泛运用制冷机械的一个开端。在 19 世纪 70 年代，商业制冷在啤酒厂中占主要的地位。到了 1891 年，几乎所有的啤酒厂都装配有制冷机器。

天然冰供应本身已发展成为一个行业，许多公司都跻身该行业，导致价格下降。并且冷藏用冰已相当普遍，到了 1879 年，在美国仅有 35 家商业制冰厂，10 年之后就超过了 200 家，到了 1909 年达 2000 家。所有因制冰废弃的池塘不再安全，甚至 Thoreaus Walden 池塘，在 1847 年每天有 1000t 的冰从那里抽取。

但是，随着时间推移，冰不仅作为冷藏的代名词，也变成了健康问题。《热与冷》的合著者，Bern Nagengast 说：“好资源越来越难找到了。到了 19 世纪 90 年代，由于污染物和污水的排放，天然冰成了一个问题。”这个问题首先出现在酿造行业，然后是肉食和乳制品公司。由机械制冰产生的机械制冷为这个问题提供了解决方法。

卡尔·保罗在 1895 年为生产液态空气制定了一个大型的计划，用 6 年时间发明了一种使液态的纯氧从液态空气中分离出来的方法，这导致大量的公司都转而开始使用氧气（如在钢铁制造业）。虽然肉食品厂、啤酒厂接受制冷技术要慢，但最后他们也都采用了制冷技术。1914 年，美国几乎所有的肉联厂都安装了制冷机械的氨压缩机系统，它每天的制冷能力超过 90000t。

尽管制冷有其固有的优势，但本身也存在问题。制冷剂，如二氧化硫和氯甲烷，可以使人致死。氨一旦泄漏，也同样具有强烈的毒性。直到 1920 年，Frigidaire 公司开发了几种人工合成制冷剂氟氯甲烷或 CFCS，制冷工程师才找到可接受的替代品。这就是人们所共知的新的代替物氟利昂。在化学上，氟利昂是甲烷（CH_4）里的 4 个氢原子被两个氯原子和两个氟原子所代替。除了相对分子质量大之外，无臭无毒。

制冰业、酿造业和肉食业是制冷发展的主要受益者，其他行业也深受制冷发展所带来的好处。

例如，在金属制造业里，机械制冷帮助餐具和工具冷硬成形。因为制冷将送进高炉的空气除湿，钢铁产量增加，钢铁业得到了发展。纺织厂把制冷用在丝光处理里，漂白，染色。制冷对炼油厂来说很重要，同样对造纸厂、制药厂、肥皂厂、胶水厂、明胶厂、照片材料厂也一样重要。毛皮制品的贮存可以用冷库达到杀死飞蛾的目的。制冷可以帮助花圃和花店，满足季节性的需要，剪掉的花可以持续比较长的花期。更有甚者，在医学保存人体上的应用。饮食行业，包括酒店、饭店、酒吧等为冰提供了很大市场。

制冷设备在运行过程中的能效比是衡量制冷设备性能的一个重要指标，现有制冷设备能效指标分级标识现状如下：

（1）电冰箱　将淘汰市场上近 15% 的高能耗产品，能效比 2003 年的现行指标提高 10%～15%。10 年间，可以累计节电 260 亿 kW·h，节省 104 亿元，减排二氧化碳 0.32 亿 t。现已经颁布的冰箱标准：2015 年国家颁布了 GB 12021.2—2015《家用电冰箱耗电量限定值及能效等级》，并于 2016 年 10 月实施。

（2）房间空调器　房间空调器能效指标可提高 20%，之后的十年里，可累计节电 288 亿 kW·h，约合 129 亿元，累计减排 CO_2 约 0.188 亿 t，收益率达 1.43（不计减排量等收益）。现已经颁布的房间空调器标准：GB 12021.3—2010《房间空气调节器能效限定值及能效等级》和 GB 19576—2004《单元式空气调节机能效限定值及能源效率等级》。

欧盟国家空调的能效标准从 2.2～3.2 共划分为 7 个等级。美国从 2006 年起推行新的空调能效标准，家用中央空调的季节能效标准将强制提升至 3.25，这将比现有市场中出售的空调能效提高 30%，最高能效标准将达到 3.6。日本对空调标准规定更为严格，要求 COP< 4 的空调不能进入市场。

（3）冷水机组　冷水机组以大制冷量、高效率而发展很快。冷水机组以通过蒸发器生产 6℃ 左右的冷冻水为主要目的，冷凝器大多数是水冷却的，也有少数是风冷或蒸发式冷却。现行的冷水机组标准：GB 19577—2015《冷水机组能效限定值及能效等级》。

（4）多联机系统　首先，多联机是一个多品种、多主机和多终端的系统，它很不容易制定出类似房间空调机或单元式空调器那样唯一性的能效检测方法和标准，即使在多联机的创始国日本，也在不断完善多联机的检测标准。我国现行的多联机系统标准：GB/T 18837—2015《多联式空调（热泵）机组》。

第2章 工作过程导向教学法解析及常用教学法介绍

2.1 工作过程导向的中职课程开发理念

基于工作过程导向的课程体系是指为完成职业岗位的典型工作任务所涵盖的知识与技能的总和。一般认为基于工作过程的课程体系，关键要打破传统学科课程体系，重构具有工作过程完整性的课程体系。在此必须注意：讲究知识完整性的传统学科课程体系和注重工作过程完整性的课程体系，两者之间无所谓优劣之分，只有是否适合之别。

近年来，职业教育有了长足的发展，但是影响职业教育发展的最根本的问题之一是人才培养的系统性偏差，集中体现在人才培养的质量体系与企业（市场）需求之间的偏离，工作过程导向的课程设计和体系构建的重点是要解决"供需"矛盾。职业教育课程体系的构建，在体系设计、课程结构和课程内容等方面都应遵循有别于学术型教育课程的理念、原则和策略，必须符合职业教育的人才培养目标。

2.1.1 现有职业教育课程解读

对现有学科课程体系的"解构"不能单纯以学生和社会（企业）现实需求为依据，还要关注社会（企业）需求的变化与发展，以及学生的发展。不能一味强调校企合作的就业"零距离"，要关注学生认知现状、能力需求、教学规律。还要关注：

（1）个体发展的特殊性和社会发展的全局性 在个体发展过程中既有两者的相互认同，也有个体发展的特殊性，这与个体心理、生理发展密切相关。虽然不同个体发展依赖于社会发展，但是不同个体都具有特殊性。

（2）个体发展的局限性和社会发展的整体性 个体在自身心理驱动下，通过符号化的方式，去理解和加工外来信息，逐步地形成和完善自我知识、技能结构，根据自我设定、自我评价，使个体发展在社会整体中发生同化或异化。在个体和社会的共同作用下，必然导致个体发展的局限性和社会发展的整体性的不一致。

（3）个体发展的时限性和社会发展的延续性 人类五千年的文明是一个延续不断的发展过程，任何个体只是这个过程中微不足道的一点。个体发展必须和社会发展结合起来，这种结合不是将个体并列于社会发展的整个过程之中，力图使个体掌握所有的知识与技能，而只是结合整个社会发展延续过程的一段时间内的相关内容。

（4）个体发展的随机性和社会发展的必然性 社会对人才的需求具有一个整体的必然设计，但是作为个体，在发展的过程中具有诸多的不确定性。在某一特定的时间、地点、人群和个体的心理驱使下，个体发展呈现随机性。这种随机性往往是不可驾驭的。

职业教育必须注重学生个体成长发展的特殊性、局限性、时限性和随机性，才能真正做到为学生发展服务，为学生从事某一领域的工作服务。对现有职业教育课程的"解构"不是简单的"砸烂"，而是"解剖"，是有序的过程，而非无序的混沌。

"解构"首先是对现有课程中"虬枝"的剔除。职业教育不同于一般的"企业岗前培训"，岗前培训是在既定工作岗位基础上实施的培训，具有极强的针对性，而职业教育一般只能是针对"岗位群"实施的教育。细节性的教学往往不是学校教学的核心与关键。其次是对课程的"枝干"进行分析，分析不是为了简单的保留和剔出，而是通过分析，明确课程改革的方向，对其中不合理的部分加以适当的"整形"手术，形成"强干"再造。

"重构"的目的是使个体能够通过学习，"量其才、尽其能、劳其智、食其力、乐其心"，掌握知识、获得技能、使个体和社会得以和谐发展。"重构"的依据是基于实际生产实践环节的逻辑认识过程。"重构"使个体得以稳步发展，即认识思维、熟能生巧循环向上的发生、发展、创新过程。

"重构"的评价是个体和社会的"双元"评价。职业教育的核心，是通过综合的和具体的职业实践活动，帮助学生获得在实际工作中迫切需要的实际工作能力。通过典型工作任务分析，重构课程体系，达成共需双方"天人合一"。这些产生和应用于技术和服务于实践的能力，除需要科学技术知识外，还包括很多与实际工作过程有着紧密联系的带有"经验"和"主观"性质的工作过程的知识和技能。

2.1.2　工作过程导向的职教课程开发方法

"工作过程导向"课程旨在实现职业教育的教学过程与工作过程的融合，在专门构建的教学情境中进行职业从业能力的传授。"工作过程导向"课程的教学应以行动为导向，即为了行动而学习和通过行动来学习。"行动导向"教学方法，以学生为行动的主体，以职业情境中的行动过程为途径，以师生及学生之间互动的合作行动为方式，培养学生具有专业能力、方法能力和社会能力构成的行动能力，即综合职业能力，从而能从容面对新的社会需求。

1. 以工作过程为导向，课程开发思路

以"工作过程导向"的专业标准开发，参与人员来自企业、学校和政府主管部门三方。

1) 以"工作过程导向"确定课程设置。课程设置必须与工作任务相匹配。要按照工作岗位的不同需要划分专门化方向，按照工作任务的逻辑关系设计课程，打破"三段式"学科课程模式，从岗位需求出发，尽早让学生进入工作实践，为学生提供体验完整工作过程的学习机会，逐步实现从学习者到工作者的角色转换。

2) "工作过程导向"课程内容组织。知识的掌握服务于能力的建构。要围绕职业能力的形成组织课程内容，以工作任务为中心来整合相应的知识、技能和态度，实现理论与实践的统一。要避免把职业能力简单理解为操作技能，注重职业情境中实践智慧的养成，培养学生在复杂的工作过程中做出判断并采取行动的综合职业能力。课程内容要反映专业领域的新知识、新技术、新工艺和新方法。

3) 以典型产品（服务）为载体设计教学活动。按照工作过程设计学习过程。要以典型产品（服务）为载体来设计活动、组织教学，建立工作任务与知识、技能的联系，增强学生的直观体验，激发学生的学习兴趣。典型产品（服务）的选择要体现经济特点，兼顾先进性、典型性、通用性，活动设计要符合学生的能力水平和教学需要。在课程设置中确立实践课程，达成学生对功能性实践活动的"体验"。实践过程包括具体产品的组装、调试、维修等具体实践活动，培养了学生生产制造的能力，培养了学生之间的团队合作精神。

4) 以职业技能鉴定为参照，强化技能训练。课程标准要涵盖职业标准，要选择社会认可度高、对学生劳动就业有利的职业资格证书，具体分析其技能考核的内容与要求，优化训练条件，创新训练手段，提高训练效果，使学生在获得学历证书的同时，能顺利获得相应职业资格证书。在所有课程中都有理论教学和实践教学要求和课时安排。

2. 以工作过程为导向，设计专业标准与课程内容

专业标准与课程内容的开发流程如下：专业岗位群工作任务分析——行动领域（即典型工作任务集合）——职业行动能力分析——学习领域（即能力描述的课程体系）——学习情景体系。通过对岗位行动领域工作过程、职业行动能力分析，确定课程目标，从而确定课程内容，将岗位行动领域转换为学习领域。课程教学内容设计是通过任务的形式将知识点贯穿起来，知识的总量不变，只是排序变化，学生通过多个任务的完成，不仅积累了经验，而且掌握了工作的技能。

以行动为导向，设计课程教学方案。将学习领域转换为学习情景，即将学习领域设计为多个学习情景（又称为教学单元结构和单元课程），设计多项任务，并将教学过程、教学内容、教学方法、考核与评价有机结合。任务的内容由简单到复杂，每一项任务的完成过程不变。

3. 以工作过程为导向，实施教学

在教学中，理论教学和实践教学是相互依赖的整体。

教学活动的起始，不是以理论或者是实践为前提的，是以实践中包含的技能和理论中富有的知识和技能内涵为基准的。理论教学和实践教学是一个循环向上的过程。这样，学习活动才由低层次的模仿性学习过渡到高层次的创新性学习，这个循环向上的发展过程是创新的必经之路。在此，要十分注意的是：这种循环只有从学习上升为创新，教育中理论和实践的结合才真正得以体现。

活动设计采用"选取……典型产品（案例），采用……教学策略，通过……实践手段，达成……学习目标"的设计方案。教学内容所关注的焦点是知识的存在性状，以及知识与学习者个体精神世界的关系。教学内容在教学中的理想存在方式应是开放的、积极的，有着与学习、社会沟通的可能。只改变教学内容在教学过程中出现的位置是没有更多意义的，关键是要体现教学内容的存在方式和价值问题。

2.1.3 工作过程导向的职教课程评价方法

对课程设计的评价指的是设计者根据教学理念、教学目标和教学效果对整个课程进行反思，在肯定优点的同时找出不足，以便做出及时修改调整。设计者应该选择客观有效的信息搜集、分析数据的方法。作为评价的依据之一，应该重点关注以下几个方面：①学生的满意程度；②学生的学习效果；③知识的可迁移性；④教学的影响程度。

课程评价问题在当前课程改革中受关注的程度，远远超出了评价本身。课程理念要能主动地生成于教育工作者的头脑，形成制度创新、方式方法革新，并给原有评价行为以激烈的冲击，才是新评价方式得以在学校实施的有效手段。课程评价的关键是对课程价值的认识。课程的价值不仅反映课程内容的科学性，同时也反映课程结构的科学性，这不仅是简单的知识结构和框架的组成形式，更为学科教学提供了科学内涵。课程的价值应该体现在知识的科学性和学生个性、社会需求以及国家利益等方面。以满足社会需求和学生发展作为课程的价值取向。课程的价值取向是社会还是学生，两者之间其实是统一的。人是社会的人，人的基本特征是社会性，脱离了社会，人只是生物意义上的个体，因此，课程的价值取向首先是社

会的，其次是个体的。"双元制"课程反映了课程为社会服务的思想，同时也为学生的发展提供了理论和实践协调。

2.2　工作过程系统化的课程体系构建途径

在实施行动导向教学模式中，教师已由传统的"传道、授业、解惑"的角色转为教育活动的促进者、设计者和引领者。这对教师的素质提出了更高的要求，即：如何以工作过程为考核重点，提高学生资讯的广泛性、决策的正确性、计划的前瞻性、实施的高效性、检查的全面性和评估的规范性等各个教学环节的效率。以工作过程为导向的课程体系，要求教师以工作岗位的工作过程为主线，以岗位的工作任务为载体，在完成具体工作任务的同时，引导学生自主学习与工作任务相关的知识，并培养学生的职业能力。目前的课程开发现状是专业课程在以工作过程选择及序化教学内容并取得成功的同时，专业基础课在进行基于"工作过程"开发时滞后于专业课，专业课程体系缺少系统思考、整体规划。教育部高等教育司《国家精品课程申报指南》要求申报课程为全国各中职院校所开设的侧重专业领域的课程，同时兼顾职业化特色鲜明的基础理论课程。只有把特色鲜明的基础理论课做实做强，专业领域的课程实施以工作过程为导向课程改革时才会取得事半功倍的效果，否则就是本末倒置、事倍功半。中职的课程体系和课程内容必须按工作过程的要求进行设计，从学科性的课程体系到工作过程为导向的课程体系，这种改革是脱胎换骨的，是颠覆性的改革。

2.2.1　工作过程系统化课程的基本概念

以工作过程为导向的职业教育理论是德国 20 世纪 90 年代以来针对传统职业教育与真实工作世界相脱离的弊端，以及企业对生产一线技术型、技能型人才的需求提出的，并成为德国职业教育改革的理论指南，1996 年开始在德国推行的学习领域课程方案就是该理论在实践中的应用，所谓学习领域的课程指的是工作过程系统化课程。与以行动为导向的教学思想一脉相承，以工作过程为导向的职业教育思想，打破了传统的学科体系的职教模式，建构了理论与实践相结合的行动体系的职业教育模式，为深化我国中职教育的教学与课程改革提供了可资借鉴的理论指导。在学习和借鉴国外先进经验的基础上，我国中职教育的改革也取得了很大成绩，主要有模块课程和项目课程的改革与试验。

近年来，我国在研究德国"双元制"职业教育和"学习领域"课程所提出的工作过程导向的实践与理论成果的基础上，提出了工作过程系统化的课程模式。这种课程模式是对项目课程的一种继承、改革与创新。它吸收了模块课程的灵活性、项目课程一体化的优点，并力图在此基础上实现从经验层面向策略层面的能力发展，关注如何在满足社会需求的同时重视人的个性需求，关注如何在就业导向的职业教育大目标下重视人的可持续发展问题。

（1）工作过程　在企业中为完成一件工作任务并获得工作成果而进行的一个完整的工作程序。

（2）行动领域　职业、生活和公众有意义的行动情境中相互关联的任务集合。行动领域体现了职业的、社会的和个人的需求，学习过程应有利于完成这些行动情境中相互关联的任务。

（3）学习领域　其是一个由学习目标表述的主题学习单元。一个学习领域课程由能力描述的学习目标、任务陈述的学习内容和总量给定的学习时间三部分组成。

（4）学习情境　在职业的工作任务和行动过程背景下，将学习领域中的学习目标和学习内容，进行教学论和方法论的转换，构成学习领域下的小型主题学习单元。

2.2.2　工作过程系统化课程开发的基本原则

1. 适应社会需求的原则

我国的中等职业教育是为适应经济高速发展和中等教育大众化的社会需求而迅速发展的，但是相关的课程还不能完全适应培养高素质技术应用型人才的社会需求。为此，课程开发必须适应经济与社会的发展和学生个性发展的需求。社会需求是课程开发的前提和依据，包括经济改革对课程开发提出的适应性和灵活性的要求，技术进步提出的现代性和前瞻性要求。学校规模发展变化与学生学习态度的变化，导致的教与学的不和谐现状，也需要有针对性地进行课程开发。工作过程系统化的课程开发就是以市场需求为导向，从受教育者的需求及现状考虑，适应经济、社会的发展和学生个性发展的需求。

2. 以培养技术应用型人才为目标的原则

中等职业教育以培养具备综合职业能力的生产、管理和服务第一线的中等技术应用型人才为目标，进行课程开发应根据中等职业教育人才培养的目标明确课程目标，即课程的预期学习结果，学生需要达到或获得的知识、能力、态度等。

3. 适应学生智能特点的原则

根据心理学的人类多元智能理论，人类个体所具有的智能类型大致分为抽象思维和形象思维两大类。中职学生的主体是高考成绩处于中间段的学生，既具有思想活跃、参与热情高、社会活动能力强的优势，也存在学习动力不足、主动性和稳定性差、自我调控能力差等不足，他们具有以形象思维为主的智力特点，更具有应用型人才的智能优势，适合培养成为生产、管理和服务第一线的高技能应用型人才。为此，课程设计中应根据学生具有形象思维为主的智力特点，彻底解构学科体系课程，重构行动体系课程，使教学更适合开发学生的智能，调动学生学习的积极性，使其主动参与学习，从而成为学习的主体。

4. 以能力为本位筛选课程内容的原则

中职教育是以全面素质教育为基础，能力为本位的教育，既要为人的生存又要为人的发展打下坚实的基础，能力培养发挥重要作用。课程内容选择确定时，就要使选择的课程内容必须保证学生全面素质的发展和达到职业资格要求的能力目标。课程设计还必须注意满足和引发学生的学习兴趣，促进学生有效地学习，造就他们的时代精神和实践能力，课程内容要面向学生的真实生活、职业情境，增加与现代社会生活与职业关系密切的现实内容，使学生在校期间获得知识、能力、素质等多方面的职业能力，能满足职业岗位的需求。个体职业能力的高低取决于专业能力、方法能力和社会能力三要素整合的状态。专业能力是指具备从事职业活动所需要的专门技能及专业知识，要注重掌握技能、掌握知识，以获得合理的知能结构。方法能力是指具备从事职业活动所需要的工作方法及学习方法，要注重学会学习、学会工作，以养成科学的思维习惯。社会能力是指具备从事职业活动所需要的行为规范及价值观念，要注重学会共处、学会做人，以确立积极的人生态度。课程设计应该紧紧围绕培养学生的专业能力、方法能力、社会能力选择课程的内容。

5. 以学生为中心的课程内容组织原则

课程内容的组织，要以学生为中心，为了学生适应和改进职业情境，设计开发的资源和媒体产品，要以优化学习过程组织教学。

学生是学习过程的中心，教师是学习过程的组织者与协调人，将一个相对独立的任务交予学生独立完成，遵循"资讯、计划、决策、实施、检查、评估"这一完整的"行动"过程序列，在教学中教师与学生互动，从信息的收集、方案的设计与实施，到完成后的评价，在学生自己"动手"的实践中，通过一个个项目任务的实施，使学生能够掌握职业技能、整个过程的重点难点，从而构建属于自己的经验和知识体系。

2.2.3　工作过程系统化课程的开发设计方法

1. 工作任务分析

进行社会调研、专家访谈，根据专业对应的工作岗位及岗位群实施典型工作任务分析。

2. 行动领域归纳

对工作过程进行分析，根据能力复杂程度整合典型工作任务，形成综合能力领域。

3. 学习领域转换

根据认知及职业成长规律递进重构行动领域转换为课程，进行教学过程分析，设置课程门类，制定课程方案。

4. 学习情境设计

根据完整思维及职业特征，将学习领域分解为主题学习单元，设计教学实施方案。

一个由实践情境构成的，以过程逻辑为中心的框架，强调整体的教学行动与典型的职业行动的整合，这一框架就是"行动体系"。工作过程系统化的课程开发对教师素质提出了更高的要求，要求教师熟悉职业实践、具有设计学习情境的能力和团队合作的精神。教学过程的设计要全体教师参与，这是非常辛苦的工作，又是很细致的工作，需要具备、耐心、细心和奉献精神。

2.3　学科系统化与工作过程系统化异同

中等职业教育长期沿用学科系统化的模式培养学生，这在 20 世纪八九十年代取得了良好的教学效果，在我国的职业教育史上发挥了重要作用。但近年来，中职学校学科系统化培养模式的弊端也逐渐凸现，主要表现在学生理论知识不扎实、动手能力与解决实际问题能力不强等方面。无论从认知能力还是从学习态度上，中职学校学生都与普通高等院校的学生存在着一定的差距，尤其在高等院校多年扩招的情况下，中职学校生源质量下滑，致使这种差距越来越明显。因此，必须探索更加实用有效的教学模式来培养中职学生，改变目前中职教育所处的困境。自 1996 年起，德国职业教育一直在积极探索一种全新的教学模式——工作过程系统化。工作过程系统化以学生在完成工作任务过程中形成直接经验的形式来掌握融合于各项实践行动中的知识、技能和技巧，这样学生在完成工作任务的同时学到了知识，提高了学生自主学习能力，强化了学生独立分析问题、解决问题的能力，在实际教学过程中取得了良好的效果。

2.3.1　教学培养目标的变化

学科系统化的中等职业教育体制是为适应计划经济体制要求而产生的，在教学模式上依照高等教育体系，其教学目标是按照课程教学大纲要求，使学生掌握该门课程相关知识，注重专业知识与技能的培养。这种教学模式各门课程之间大多相互独立，缺乏关联，即使学生能够较好地完成各门课程教学目标的要求，在实际工作过程中，仍难以将各科知识灵活运用，有机融合，从而表现为解决综合问题的能力不强。工作过程系统化的教学目标紧紧围绕中职教育的培养目标，即将其定位在"培养生产、经营、建设、服务第一线需要的具有一定素质的劳动者和初、中级技能型人才"上，以具体的工作任务为对象，结合具体任务所涉及的知识，进行相关专业课程的学习。工作过程系统化的教学目标就是工作目标，即在学生掌握专业知识、专业技能的同时，培养其关键能力及对工作任务所涉及的拓展知识的学习能力，这既体现了中等职业教育的能力要求，又有鲜明的工作特征，从而使教学目标更加明确，教学内容更加精简实用。

2.3.2 教学内容的改变

学科型教育的教学内容通常由文化课、专业基础课和专业课三大部分组成，在适当阶段配以实训课以强化学生的实操能力，整体教学内容强调系统、全面。各专业教师通常只是按本门课程的教学大纲进行授课，各门课程之间的联系缺乏紧密性，甚至造成部分内容重叠，实践和理论脱节，学与用不能有机结合，难以达到应有的教学效果。而在企业内部，任何一项工作任务都不可能只涉及一门学科，通常是多门学科的有机组合，这就要求学生必须将所学知识融会贯通，才能很好地完成工作任务。实践表明，对于学习成绩较好的学生也只是在开设课程的学期，掌握一些基本知识原理，一旦需要将其进行综合运用时，就感到无从下手。而对于基础较差、学习态度不认真的学生来说，其效果更是可想而知。究其原因就是在学科型的教育模式中，学生虽然系统地学习了各门课程，但是由于课程内容多，任务重，学生理解能力有限，最终导致上述现象的出现。工作过程系统化的教学内容，是教师根据专业特点，结合企业生产过程实际而精心设置的工作任务，每项工作任务都具有综合性特征，既有技能操作，也有知识学习，是工作要求、工作对象、工具、方法和劳动组织方式的有机整体。在整个任务完成过程中，学生的行为是主体，教师只是作为领导者、参与者进行导向型、启发型的教学。教师通过一系列工作任务，指导学生进行理论—实践一体化的学习，学生必须同时具备多学科的知识，并将其合理的运用，才能顺利完成工作任务，在完成任务的同时获得相关专业知识，促进学生综合能力的提高。

2.3.3 教学方法的变革

学科型教育贯彻"教师讲，学生听"的教学方式，教学地点局限在教室和实验室内，教师是课堂绝对的主体，整个教学过程主要是教师讲，学生听，学生缺少真实工作环境的训练，不理解自己所学为何，更不知道以后会在哪些地方用到这些知识，教师难以激发学生学习的积极性、主动性和创造性，最终使得培养目标无法实现。工作过程系统化的教学方式采用一种全新的教学方式——"用中学、学完用"，学生完成学习任务的地点也不仅仅在课堂与实验室内，而是给予学生更加充足的时间，利用各种媒体、手段、场所收集相关资料，不但使学生学到相关知识，同时使他们掌握学习方法，做到举一反三、触类旁通。在教学过程中，教师不再简单地扮演"传道、授业、解惑"的角色，而是帮助学生完成工作任务的组织者、合作者，学生在完成工作任务的同时自然地将多门课程的知识进行有机地整合，使学生学到本专业的实用知识。每项工作任务都由"任务—准备—计划—实施—检验"几个部分组成，教师通过行为导向进行教学，引导学生明确任务、查找资料、制定计划、实施计划、解决各种具体问题，最后由学生和教师共同评价任务完成情况，从而使学生理解整个工作过程的全部思路与方法，掌握各项工作任务中相关学科的知识。同时这种导向式教学可以筛选掉不相关的知识，将相关知识合理连接，在学习专业知识的过程中，以"够用"为度，打破学科系统化的系统、全面的模式，不再增加学生的学习强度，不求系统、只求实用，使教学效果得以充分体现。

2.3.4　教学评价方式的变化

如何准确检验学生对知识的掌握能力是评定其成绩优劣的关键，用何种检验手段才能准确全面地反映学生的能力、素质是教育工作者一直关注的问题。学科型教育通常采用笔试的方式评价学生对知识的掌握情况，这也是我国教育界长期采用的考核方式之一。对于中职教育来说，这种考核方式存在的弊端有二：一是评价滞后，各科考试通常在课程结束后进行，考试所反映出的问题不能及时反馈给学生，从而使学生不能及时发现问题进而解决问题；二是无法准确反映学生的综合职业能力，笔试的方式对于理论考核是适宜的，但是对于综合能力的考核会产生一定的偏差，因而对学生的综合职业能力不能得出正确的结论。

工作过程系统化教学模式采用学生自评、小组评价、教师评价和总评相结合的方式来检验学生对专业知识、技术的掌握情况，并涉及学生工作态度、团队合作与组织能力及学习能力等关键能力的考核，可以更真实地反映出学生综合职业能力。学生每完成一项工作任务，都及时地对任务完成情况进行评价，其评价过程如下：首先，学生对自己完成的工作任务进行评价，发现自身在处理问题时的优点与不足；其次，以小组为单位对所有组员的任务完成情况进行评价，由组员之间互评；再次，由教师根据学生在完成工作任务的综合表现进行评价；最后将上述三方面的评价按指定比例进行计算，最终得出学生的综合业务能力，并及时将评价结果反馈给学生，从而缩短了师生间信息交流周期，强化了学生掌握知识的能力与水平。工作过程系统化采用多种评价相结合的方式，一方面克服了由教师单独进行评价的主观片面性，将学生作为主体参与到评价考核过程中；另一方面摒弃了以课堂考试为主的单一评价方式，解决了考试评价滞后及不能准确反映综合职业能力等问题，具有灵活高效、快速实用的特点，是一种适合中职教育的考核方式。

2.3.5　教学效果明显不同

教学效果不佳是目前困扰中职教育者的一大难题，这主要是因为学科型教育贯彻"教师讲，学生听"的模式，教师是课堂里绝对的主体，学生被动地接受教师的讲课内容，课堂内缺少互动，学生学习的积极性、主动性不高，容易产生厌学心理，丧失学习兴趣，从而出现教学效果相对较差的现象。为改变上述状况，中职学校在理论教学内容中不断加大实训课程的比例，增设专门的实操课程，这在一定程度上缓解了学生的厌学情绪，取得了一定的效果，但是由于其根本教学方式没有变，因而收效甚微。工作过程系统化的教学模式紧紧围绕中职教育的培养目标，在教学模式设置的过程中将学生放在主体地位，致力于培养学生独立的思考能力、实操能力等关键能力。学生作为主体参与到具体的工作任务中，激发了其学习的积极性，从而有利于开拓思路，完成任务。采用小组合作的形式完成工作任务，培养了学生的合作精神，提高了沟通能力，为今后快速融入工作环境奠定了基础。

2.4　中等职业教育课程的系统化设计

工作过程系统化课程是这样一个"知识"体系，它设计的目的就在于寻求工作过程与教学过程之间的系统化的纽带。

2.4.1 课程体系设计的系统化

工作过程系统化课程的体系可以用一个两维的"表格"（矩阵）予以阐释。

表格纵向第一列表示的是课程，这里称为学习领域。也就是说，纵向第一列显示的是课程体系。这里需要解决的问题是：其一，课程的数量。专业课程（包括必要的专业基础课程，下同）的数量为10~20个。这是一个经验数据，是对加拿大的能力本位课程、德国的学习领域课程以及郑州轻工业学院的工作过程系统化课程在各自开发过程中所获经验之共性的概括，体现了某种规律性：数量超过20就会跨越这个专业所对应的职业领域的范围，而小于10很可能覆盖不了职业岗位的工作任务。其二，课程的排序。专业课程的纵向排列必须遵循职业成长的规律和认知学习的规律，这就把功利性的需求与人本性的发展结合起来了。其三，课程的表述。纵向排列的每一门课程都是一个完整的工作过程。

横向第一行表示的是单元，这里称为学习情境。也就是说，每一学习领域（即课程）都由横向的多个学习情境（即学习单元）构成。这里需要解决的问题是：其一，单元的数量。学习情境的数量大于或等于3。其二，单元的功能。每一单元都是独立的，并且也是一个完整的工作过程。完成任一单元就完成了这门课程。这就吸收了模块课程独立性、灵活性的特点，便于实现学分制、工学交替。其三，单元的属性。同一课程的所有单元都应为同一个范畴的事物，只有如此，所进行的比较才有意义。在一般情况下，不把工作过程的步骤作为学习情境或单元来设计。其四，单元的关联。各个单元之间具有平行、递进、包容的逻辑关系，或者是这三者排列组合的结果。

除在逻辑结构上存在这三种关系以外，学习情境的设计还必须遵循两个原则：一是学习情境的设计必须具备典型的工作过程特征，即要凸显不同职业在工作的对象、内容、手段、组织、产品和环境等要素上所呈现的特征，这里涉及具体的工作过程；二是学习情境的设计必须实现完整的思维过程训练，即要完成逐步增强的资讯、决策、计划、实施、检查、评价的"六"训练，这里涉及抽象的工作过程。

综上所述，整个课程的设计遵循纵向的两个规律与横向的两个原则及其三个关系，这就使得课程是多个系统化设计的工作过程的"集合"。因此，工作过程系统化课程设计的目的在于通过系统化的逻辑设计，不仅使学生能自如应对这一"表格"所界定的广谱的工作过程，而且能使学生在此基础上掌握完整的思考过程，从而能获得一种迁移能力，从容应对超出这一"表格"之外的全新的工作过程，实现自身未来的可持续性发展。

2.4.2 课程设计方法的系统化

1. 工作任务分析

从工作岗位或岗位群出发，对其进行工作任务分析，并在此基础上确定典型工作任务。这里需要采用问卷调查、现场访谈、案例分析、头脑风暴、抽样分析等多种方法。

2. 行动领域归纳

在对典型工作任务做进一步分析的基础上，通过能力整合，包括同类项合并等措施，将典型工作加以归纳形成能力领域，这里称之为行动领域。它是工作过程系统化课程开发的平台，是与本专业紧密相关的职业情境中构成职业能力的工作任务的总和，是一个"集合"的概念。采用工作过程描述的方式，行动领域体现了职业的、社会的和个人的需求。从工作任务到行动领域，是职业分析与归纳的结果，主要在企业里进行。至此所做的工作及其结果，仅与企业（工作岗位）相关。在这里，样本的选择要有说服力，如可以遵循"2：1"原则，即 2/3 样本为代表目前普遍水平的工作岗位或企业，1/3 的样本为代表未来发展趋势的工作岗位或企业。

3. 学习领域转换

自这一步开始，必须在企业的目标中融入教育的因素。因此，作为职业分析结果的行动领域，必须根据中等职业教育的基本规律将其转换为学习领域。所谓学习领域即课程，它包括由职业能力描述的学习目标、工作任务陈述的学习内容和实践理论综合的学习时间（基本学时）三部分。由学习领域构成的中等职业教育课程体系，其排序必须遵循两个规律：一个是认知学习的规律，这是所有教育都必须遵循的普适性规律；一个是职业成长的规律，这是中等职业教育必须遵循的特殊性规律。两者结合正是中等职业教育作为一种类型教育的特点。这里，学习领域也是一个"集合"的概念。

4. 学习情境设计

学习领域的课程要通过多个学习情境来实现。所谓学习情境，是在工作任务及其工作过程的背景下，将学习领域中的能力目标及其学习内容进行基于教学论和方法论转换后，在学习领域框架内构成的多个"小型"的主题学习单元。这又是一个演绎的过程。如前所述，学习情境的设计也必须遵循两个原则：一是具有典型的工作过程特征，要凸显不同职业在工作的对象、内容、手段、组织、产品和环境上的六要素特征；二是实现完整的思维过程训练，要完成资讯、决策、计划、实施、检查、评价的六步法训练。总之，第一步到第二步是工作任务分析与归纳，第二步到第三步是课程门类设置与规划，第三步到第四步是课程教学设计与实施。第一步到第二步强调的是工作过程，第三步到第四步强调的是教学过程，而其中的第二步到第三步，则要求：在行动领域这一源于职业的工作的集合概念，与学习领域这一高于职业的教育的集合概念之间，应实现有机链接，以架设一座连接工作与学习的桥梁。因此，要通过工作过程来开发教学过程，就必须提高职业中等学校教师基于工作过程的教学过程的设计能力和实施能力。

2.4.3　课程载体设计的系统化

工作过程系统化课程的一个非常重要的贡献，在于首次提出了一个课程载体的概念。

1. 关于载体的概念解读

所谓课程载体，指的是源于职业工作任务且具有典型的职业工作过程特征，并经过高于职业工作过程的转换所构建的符合教育教学原理，能传递、输送或承载有效信息的物质或非物质的形体。因此，为更加明晰地指出这一课程设计的特点，可称之为基于开放载体的工作过程系统化课程，中等职业教育关键在于如何传授知识。传统的知识教育，都是先讲无形的符号（概念、原理、公式等），然后用有形的实验去验证这些符号的正确性。对逻辑思维很强、善于接受符号系统的人，能够用符号去推理。但是，在中等教育大众化的时代，中等职业教育的受众，可能更多的是以形象思维为主的青年。以形象思维为主的人，乐于在具象情境或氛围中，通过"行动"来学习。但是，强调行动学习，不能脱离工作任务的"过程性"，只掌握那些孤立的"离散"的结果性技能。因此，课程改革的关键在于，如何把"空对空"的复制知识符号的传递，或者"空对空"的复制职业技能的传授，通过"看得见、摸得着"的载体，转换为"空对地"的学习，即要把无形的符号知识传递或看似有形实则脱离实际工作过程的技能传授，通过有形的"做"，去获得有意义的知识、去掌握有意义的技能。

课程载体是学习情境的具体化。它包括两个要素：一个是载体呈现的形式，对于专业课程，其载体的形式设计，可以是项目、案例、模块、任务等，而对于基础课程，其载体的形式设计，则可以是活动、问题等；另一个是载体呈现的内涵，对专业课程载体的内涵设计，可以是设备、现象、零件、产品等，而基础课程载体的内涵设计，则可以是观点、知识等。必须强调的是，项目、任务、案例、模块等并不代表信息或概念，只是一种课程形式或形态，或者说只是一种课程结构，因此必须赋予其内涵，即在载体的呈现形式中必须蕴含所需要传递的信息或概念。由此，载体的设计一定要有利于在课程实施中完成"信息隐喻、情境类比、意义建构（部分学生也可获得符号建构）"的三级步进。

学习情境或载体的名称，可以采用三种表述方式：一是职业写实性的表述，即直接采用具体的事物名称（如具体的故障现象："发动机漏油的检修、发动机异响的检修、发动机颤动的检修"）；二是职业概念性的表述，即对具体事物名称加以概括形成的概念（如对具体故障现象的归纳：对前述三种故障现象概括为"发动机直接故障现象检修"）；三是这两种表述方式的结合。这需要根据具体的职业工作过程来确定。一般来说，中等普通教育常常是先讲无形的符号概念，再在有形的情境中通过实验加以验证，即通过"学中做"，进而对原有概念加以升华、推论，有可能获得新的无形的概念（技术发明、科学发现），这是一种从规则到案例的方法，其知识获取的路径是"无形—有形—无形"。而中等职业教育往往是先在有形的情境中去做，经过多种类似或相关情境的比较，即通过"做中学"，获得非完全符号系统的意义建构，或者实现一定程度的符号建构，进而在新的有形的情境中实现迁移。这是一种从案例到规则的方法，其知识获取的路径是"有形—无形—有形"。

2. 关于载体的设计原则

课程载体的设计，要强调同一范畴性，也就是说，实现某一学习情境的多个载体，不仅在形式上，而且在内涵上均应为同一个范畴。载体是由项目、任务、案例、模块或活动、问题等形式，如设备种类、零件结构、故障现象、产品类型或观点、知识等内涵，经排列组合后所构成的形体。载体的设计必须遵循三个原则，或者称之为"三性"原则，这就是：可迁移性、可替代性、可操作性。可迁移性强调的是，所设计的载体应具有典型性、代表性，要具有范例的特征。所谓范例，一是指载体设计在数量上要举一反三，二是指载体设计在质量上要触类旁通。可替代性强调的是，所设计的载体应具有规律性、普适性，要具有开放的特征。所谓开放，一是指载体设计在同时性维度上要殊途同归，二是指载体设计在历时性维度上要与时俱进。可操作性强调的是，所设计的载体应具有现实性、合理性，要具有实用的特征。所谓实用，一是指载体设计在教学上要因地制宜，二是指载体设计在经济上要开源节流。

综上所述，课程载体的设计也是一个系统化的设计。这里的系统化是指，课程载体的设计，既是简洁适中的，而非杂乱无章的项目、模块等形式的堆砌；又是完全开放的，当形式或内涵的切入角度不同时，同一门课程的载体可出现十几种、几十种甚至上百种；还是易于实现的，在教学上课程的实施可采用团队的教学形式、柔性的教学管理，而在投入上课程载体的构成可采用虚拟、仿真和真实这三种类型，以降低教学成本。

2.5　常用中等职业教育教学法介绍

2.5.1　现场教学法

在自然和社会现实活动中进行教学的组织形式，便是现场教学。现场教学不仅是课堂教学的必要的补充，而且是课堂教学的继续和发展，是与课堂教学相联系的一种教学组织形式。借以开阔眼界，扩大知识面，激发学习热情，培养独立工作能力，陶冶品德。

根据一定的教学任务，组织学生到工厂、农村和其他场所，通过观察、调查或实际操作进行教学的组织形式称为现场教学。

现场教学能为学生提供丰富的直接经验，有助于理解和掌握理论性的知识；通过实际操作，培养学生运用知识于实践的能力，为师生接近工农，接触社会主义建设的实际创造条件。它是课堂教学的一种辅助形式。现场教学要求有明确的目的，在教师指导下有计划、有组织地进行，并获得一线工作者的指导。

1. 现场教学法的类型

在我国，1958 年贯彻教育与生产劳动相结合的教育工作方针时期，曾较广泛地采用现场教学。根据现场教学的目的和任务，可以将现场教学分为两大类型。

1）根据学习某种学科知识的需要，组织学生到有关现场进行教学。有些学科知识，只在理论上对学生进行解释，学生很难清晰透彻地理解。到现场看一看，可以增强感性认识，能更真实地理解知识，并且能提高学生解决实际问题的能力。

2）由于学生为了从事某种实践活动，需要到现场学习有关的知识和技能。这常见于一些与生产劳动密切联系的教学，如劳动技术教育、汽车修理等。

2. 现场教学法的作用

1）利于学生获得直接经验，深刻理解理论知识。现场教学作为现代教学组织的辅助形式，它能在某种程度上弥补课堂教学的不足。在这种教学组织形式下，教师可以结合实际，讲授理论知识，使抽象理论直观化。

2）使教学丰富多彩。现场教学可以增强教学的趣味性，使教学更为生动、丰富。

3）丰富学生的情感世界。现场教学可以让学生在轻松、愉快的环境下掌握知识、技能，还感受了自然、社会，丰富了学生的情感空间。

4）提高学生解决实际问题的能力。通过现场可以让学生做一做，增强其动手操作的能力。

3. 现场教学法的要求

1）教学目的要明确。现场教学要解决什么问题，完成什么任务必须明确。

2）准备要充分。教师要认真考虑现场教学所要解决的问题，引导学生做好必要的知识储备。同时，还要动员组织学生，使他们了解现场教学的目的、要求、注意事项，做好心理上、物质上的准备。

3）重视现场指导。在现场教学中，教师要引导学生从多角度充分感知感性材料，并有针对性地与理论知识相结合，深化学生的理性认识，还要鼓励学生动手操作，发现问题，解决问题。

4）及时总结。现场教学不是学生的放松和娱乐，不是只在乎"过程"，不是过程结束了就完了，而是要在必要和适当的时候及时进行总结。

2.5.2　项目教学法

项目教学法就是在教师的指导下，将一个相对独立的项目交由学生自己处理，信息的收集、方案的设计、项目实施及最终评价，都由学生自己负责，学生通过该项目的进行，了解并把握整个过程及每一个环节中的基本要求。"项目教学法"最显著的特点是"以项目为主线、教师为引导、学生为主体"，具体表现在：目标指向的多重性；培训周期短，见效快；可控性好；注重理论与实践相结合。项目教学法是师生共同完成项目，教、学相长的教学方法。

项目教学法是通过"项目"的形式进行教学。为了使学生在解决问题中习惯于一个完整的方式，所设置的"项目"包含多门课程的知识。

项目教学法主张先练后讲，先学后教，强调学生的自主学习，主动参与，从尝试入手，从练习开始，调动学生学习的主动性、创造性、积极性等，学生唱"主角"，而教师转为"配角"，实现了教师角色的换位，有利于加强对学生自学能力、创新能力的培养。

项目教学法起源于欧洲的劳动教育思想，最早的雏形是18世纪欧洲的工读教育和19世纪美国的合作教育，经过发展，到20世纪中后期逐渐趋于完善，并成为一种重要的理论思潮。项目教育模式是建立在工业社会、信息社会基础上的现代教育的一种形式，它以大生产和社会性的统一为内容，以将受教育者社会化，以使受教育者适应现代生产力和生产关系相统一的社会现实与发展为目的，即为社会培养实用型人才为直接目的的一种人才培养模式。

20世纪90年代以来，世界各国的课程改革都把学习方式的转变视为重要内容。欧美诸国纷纷倡导"主题探究"与"设计学习"活动。日本在新课程体系中专设"综合学习时间"。我国台湾推行新课程体系中"十大能力"的第九条规定"激发主动探究和研究的精神"，第十条规定"培养独立思考与解决问题的能力"。我国当前课程改革强调学习方式的转变，设置研究性学习，改变学生单纯、被动地接受教师知识传输的学习方式，构建开放的学习环节，为学生提供获取知识的多种渠道以及将所学知识加以综合应用的机会。

2003年7月德国联邦职教所制定以行动为导向的项目教学法，它具有的特点是：把整个学习过程分解为一个个具体的工程或事件，设计出一个个项目教学方案，按行动回路设计教学思路，不仅传授给学生理论知识和操作技能，更重要的是培养他们的职业能力，这里的能力已不仅是知识能力或者是专业能力，而是涵盖了如何解决问题的能力，即方法能力、接纳新知识的学习能力以及与人协作和进行项目动作（包括项目洽谈、报价、合同拟定、合同签署、生产组织、售后服务）的社会能力等几个方面。

不再把教师掌握的现成知识技能传递给学生作为追求的目标，或者说不是简单地让学生按照教师的安排和讲授去得到一个结果，而是在教师的指导下，学生去寻找得到这个结果的途径，最终得到这个结果，并进行展示和自我评价，学习的重点在学习过程而非学习结果，使他们在这个过程中锻炼各种能力。教师已经不是教学中的主体，而是成为学生学习过程中的引导者、指导者和监督者，学生具有90%的积极性。

"项目教学法"最显著的特点是"以项目为主线、教师为引导、学生为主体"，改变了以往"教师讲，学生听"被动的教学模式，创造了学生主动参与、自主协作、探索创新的新型教学模式。项目教学法的特点包括：

1）目标指向的多重性。对学生，通过转变学习方式，在主动积极的学习环境中，激发好奇心和创造力，培养分析和解决实际问题的能力。对教师，通过对学生的指导，转变教育观念和教学方式，从单纯的知识传递者变为学生学习的促进者、组织者和指导者。对学校，建立全新的课程理念，提升学校的办学思想和办学目标，通过项目教学法的实施，探索组织形式、活动内容、管理特点、考核评价、支撑条件等的革新，逐步完善和重新整合学校课程体系。

2）培训周期短，见效快。项目教学法通常是在一个短时期内、较有限的空间范围内进行的，并且教学效果可测评性好。

3）可控性好。项目教学法由学生与教师共同参与，学生的活动由教师全程指导，有利于学生集中精力掌握技能。

4）注重理论与实践相结合。要完成一个项目，必然涉及如何做的问题。这就要求学生从原理开始入手，结合原理分析项目、制定工艺。而实践所得的结果又考问学生：是否是这样？是否与书上讲的一样？

2.5.3 角色扮演教学法

角色扮演模式的学习属于情境学习，学生站在所扮演角色的角度来体验、思考，从而构建起新的理解和知识，并培养生活必备的能力。它是一种以发展学生为本，把创新精神的培养置于最重要地位的学习方式，整个教学过程始终渗透着师与生、生与生之间的交流合作，体现教师的主导作用和学生的主体地位。它要求教师创设亲密无间的师生关系、和谐的教学气氛，把教师对学生的满腔热情渗透到课堂教学的控制与设计中，以充分发挥主导的作用，有助于增强学生的学习能力，形成正确的态度、情感和价值观，有助于培养学生的探究创新能力，培养学生的团队协作精神和合作能力。有这样一句英语格言："只是告诉我，我会忘记；要是演示给我，我就会记住；如果还让我参与其中，我就会明白"，"角色扮演"的作用显而易见。

2.5.4 参观教学法

参观教学法一般由校外实训教师指导和讲解，要求学生围绕参观内容收集有关资料，质疑问难，做好记录，参观结束后，整理参观笔记，写出书面参观报告，将感性认识升华为理性知识。参观教学法可使学生巩固已学的理论知识，掌握最新的前沿知识。参观教学法主要应用于各种植物品种改良技术的工作程序、后代选择方法和最新研究进展等方面内容的教学。

参观教学法可以分为准备性参观、并行性参观、总结性参观。

1）准备性参观。在学习某课题前，使学生为将要学习的新课题积累必要的感性经验，从而顺利获得新知识而进行的参观。

2）并行性参观。在学习某课题的过程中，为使学生把所学理论知识与实际紧密结合而进行的参观。

3）总结性参观。在完成某一课题之后，帮助学生验证、加深理解、巩固强化所学知识而进行的参观。

参观的步骤和要求是：

1）参观的准备。主要包括：确定参观场所、了解参观单位有关情况、制定参观计划。

2）参观过程。在熟悉参观对象的基础上，有组织、有步骤地参观。教师可边提出问题边引导学生仔细观察思考。对学生提出的问题教师要认真回答，必要时可请单位有专长的人进行讲解指导。教师要指导学生做好参观材料的整理、做好参观笔记。

3）参观结束。要做好参观总结，检查计划执行完成情况，指导学生做好参观材料的整理研究，制成图表、标本、模型或制成卡片，放到陈列室里，供以后观察、教学或课外活动使用。

2.5.5 任务驱动教学法

任务驱动的教与学的方式，能为学生提供体验实践的情境和感悟问题的情境，围绕任务展开学习，以任务的完成结果检验和总结学习过程等，改变学生的学习状态，使学生主动建构探究、实践、思考、运用、解决、高智慧学习体系。

所谓"任务驱动"就是在学习信息技术的过程中，学生在教师的帮助下，紧紧围绕一个共同的任务活动中心，在强烈的问题动机的驱动下，通过对学习资源的积极主动应用，进行自主探索和互动协作的学习，并在完成既定任务的同时，引导学生产生一种学习实践活动。"任务驱动"是一种建立在建构主义教学理论基础上的教学法。它要求"任务"的目标性和教学情境的创建。使学生带着真实的任务在探索中学习。在这个过程中，学生还会不断地获得成就感，可以更大地激发他们的求知欲望，逐步形成一个感知心智活动的良性循环，从而培养出独立探索、勇于开拓进取的自学能力。

建构主义学习理论强调：学生的学习活动必须与任务或问题相结合，以探索问题来引导和维持学习者的学习兴趣和动机，创建真实的教学环境，让学生带着真实的任务学习，以使学生拥有学习的主动权。学生的学习不单是知识由外到内的转移和传递，更应该是学生主动建构自己的知识经验的过程，通过新经验和原有知识经验的相互作用，充实和丰富自身的知识、能力。

任务驱动教学法的基本环节主要包括：

（1）创设情境　使学生的学习能在与现实情况基本一致或相类似的情境中发生。需要创设与当前学习主题相关的、尽可能真实的学习情境，引导学习者带着真实的"任务"进入学习情境，使学习更加直观和形象化。生动直观的形象能有效地激发学生联想，唤起学生原有认知结构中有关的知识、经验及表象，从而使学生利用相关知识和经验去"同化"或"顺应"所学的新知识，发展能力。

（2）确定问题（任务）　在创设的情境下，选择与当前学习主题密切相关的真实性事件或问题（任务）作为学习的中心内容，让学生面临一个需要立即去解决的现实问题。

问题（任务）的解决有可能使学生更主动、更广泛地激活原有知识和经验，来理解、分析并解决当前问题，问题的解决为新旧知识的衔接、拓展提供了理想的平台，通过问题的解决来建构知识，正是探索性学习的主要特征。

（3）自主学习、协作学习　不是由教师直接告诉学生应当如何去解决面临的问题，而是由教师向学生提供解决该问题的有关线索，如需要搜集哪一类资料，从何处获取有关的信息资料等，强调发展学生的"自主学习"能力。同时，倡导学生之间的讨论和交流，通过不同观点的交锋，补充、修正和加深每个学生对当前问题的解决方案。

（4）效果评价　对学习效果的评价主要包括两部分内容，一方面是对学生是否完成当前问题的解决方案的过程和结果的评价，即所学知识的意义建构的评价，而更重要的一方面是对学生自主学习及协作学习能力的评价。

从学生的角度说，任务驱动是一种有效的学习方法。它从浅显的实例入手，带动理论的学习和应用软件的操作，大大提高了学习的效率和兴趣，培养他们独立探索、勇于开拓进取的自学能力。一个"任务"完成了，学生就会获得满足感、成就感，从而激发了他们的求知欲望，逐步形成一个感知心智活动的良性循环。伴随着一个跟着一个的成就感，减少学生们以往由于片面追求信息技术课程的"系统性"而导致的"只见树木，不见森林"的教学法带来的茫然。

从教师的角度说，任务驱动是建构主义教学理论基础上的教学方法，将以往以传授知识为主的传统教学理念，转变为以解决问题、完成任务为主的多维互动式的教学理念；将再现式教学转变为探究式学习，使学生处于积极的学习状态，每一位学生都能根据自己对当前任务的理解，运用共有的知识和自己特有的经验提出方案、解决问题。为每一位学生的思考、探索、发现和创新提供了开放的空间，使课堂教学过程充满了民主、充满了个性、充满了人性，课堂氛围真正活跃起来。

第3章 中等职业学校学生特点分析

能源与动力专业是时下热门专业之一，是技工和职业学校广泛开设的专业，应用范围极广。本专业的职校学生像其他专业的职校学生一样不是通才，不是所谓的高分生。他们常常被认为是一群被淘汰出来的劣势群体，但是，就是这样的学生，他们每个人仍然有自己在学习上的需求、兴趣、特长表现和个性倾向性。作为职业教育工作者必须调整心态，适应学生的这种变化，要辩证地去分析中等职业教育对象的智力特点和认知特征，把握中等职业教育教学的基本规律，研究如何更好地教育他们，帮助他们正确认识自己、正确认识学习、正确认识社会，使他们能在中等职业教育的田地里寻得自己的成长空间，培养其成为全面建设小康社会所需要的生产、服务和管理一线高素质、技能型的有用之才。因此，作为教师必须全方位了解职校学生的智力和认知特点以及非智力因素特点，并找出相应的教学对策。

3.1 职校学生智力和认知加工特点

职业教育有着与普通教育不同特征的教育属性。职业教育肩负着为社会培养直接创造财富的高素质劳动者的重任。但是，社会上存在这样一种看法，职业学校的学生都是"差生"，以普通院校的评价标准去考核职校学生，学习成绩确实不那么理想，仅以文化课成绩作为职业教育学生的评价标准既不科学也失公平。职业学校的学生与普通院校的学生相比，在智能结构与智力类型方面有着本质的区别。这里将阐述职校学生智力特点、认知的共性特征，职校学生的初始能力分析和学习特征等基本内容。

3.1.1 职校学生的智力特点

1. 多元智能理论

美国哈佛大学心理学与教育学教授霍华德·加德纳（Howard Gardner）于1983年在《智力的结构：多元智能理论》一书中提出了多元智能理论。在批判性地继承传统智能理论的基础上，提出了一个新的智能的概念：智能是在某种社会和文化环境的价值标准下，个体用以解决自己遇到的真正难题或生产及创造出有效产品所需要的能力[9]。根据霍华德·加德纳的研究，多元智能理论主要包括以下5点内容：

（1）共性与差异并存 霍华德·加德纳认为，每个人都具有8项智能，这是人类最基本的智能，每个人都具有这些智能潜能，只是各项智能在每个人身上的表现程度和发挥程度不同。8项智能介绍如下：

1）语言智能。指用语言思维、表达和欣赏语言深层内涵的能力，也就是有效地运用口头语言（如演说家、政治家）或文字书写的能力（如诗人、剧作家、编辑或记者）。

2）数理智能。指计算、量化、思考命题和假设，并运行复杂数学运算的能力，也就是有效地运用数字和推理的能力（如数学家、税务会计、统计学家、科学家、计算机程序员或逻辑学家）。

3）空间智能。指利用三维空间的方式进行思维的能力，也就是准确地感觉视觉空间

（如猎人、侦察员、向导），并把所知觉到的表现出来（如建筑师、艺术家或发明家）。

4）运动智能。指操纵物体和调整身体的技能，也就是善于运用整个身体来表达想法和感觉（如演员、运动员或舞蹈家），以及运动双手灵巧地生产或改造事物（如工匠、雕塑家、机械师或外科医生）。

5）节奏智能。指感知音调、旋律和音色等方面的能力，觉察、辨别、改变和表达音乐的能力（如音乐爱好者、音乐评论家、作曲家、音乐演奏家）。

6）人际交往智能。指能够有效地理解别人和与人交往的能力，觉察并且区分他人的情绪、意向、动机及感觉的能力。

7）自我认知智能。指关于建构正确自我知觉的能力，并善于用这种知识计划和引导自己的人生，有自知之明，并据此做出适当行为的能力。

8）自然观察智能。指观察自然界中的各种形态，对物体进行辨认和分类，能够洞察自然或人造系统的能力。即能够辨认一个团体或物种的成员，能够区分同一物种中成员的差别，能够认识到其他物种或相似物种的存在，还能够正式或非正式地把几种物种之间的关系列出来。

多元智能理论指出在个体所具有的 8 项智能中，每项智能都具有同等的重要性，而且是彼此互补、统一运作的。霍华德·加德纳指出，大部分人只能在某个特定领域展现自己的特殊才能，某些人具有一两项发达智能，某些智能一般，其余的较不发达。事实上，多数人只能在一两项智能上有出色的表现。

（2）潜能与发展相生　大多数人都能使 8 项智能发展到自身充分胜任的水平。一个人在某一领域不在行或不精通，常常会认为自己在这方面的才能天生是有缺陷的。霍华德·加德纳认为，如果给予适当的鼓励、培养和指导，每个人都有能力使自己所有的 8 项智能发展到一个适当的水平。例如，一个绘画天赋一般的人，从小受到别人的指点和帮助，在艺术环境的熏陶和影响下，可以创造出高水平的绘画作品。

（3）联系与影响相长　人的各项智能通常是相互影响的。尽管每项智能之间是彼此独立的，但在解决问题时是相互作用的，常常需要几项智能在同一件事上共同发挥作用。霍华德·加德纳指出，人类的每项智能实际上是"虚拟"的，也就是说，在生活中没有任何智能是独立存在的（除了可能在极少数的专家和脑部受伤的人里）。智能总是相互作用的，任何一种技能的完成都需要多项智能的相互作用。在多元智能理论中，让智能与现实情境相脱离是为了观察它们的基本特点，并学习如何有效地利用它们。

（4）才能与表现差异　在特定的领域里，没有绝对的标准可以判断一个人的聪明与愚钝。例如，一个人交际能力很差，但逻辑——数理智能很高，因为他口算的速度很快并能给计算机编各种程序；又如，一个人可能在运动场上相当笨拙，但却具有超群的视觉——空间智能，因为他制作的艺术品非常精致。多元智能理论强调人类特有的天赋才能在各项智能之中和之间的表现方式是丰富多彩的。例如，我国著名数学家陈景润被称为"哥德巴赫猜想"第一人，得到了国际学术界的广泛赞誉，但他在北京四中任教时，因口齿不清，被拒绝上讲台授课。很难想象让陈景润学语言类的专业会是一个什么样的结果，拿这个标准去评价很多有成就的科学家、文学家、哲学家和技术专家的学生时代，可能会得出相反的结论，会埋没很多天才。

（5）文化背景与智能组合相加　不同的文化发展时期和文化背景会强调不同的智能组

合。在古老的社会，人们很重视运动智能、空间智能和人际沟通智能；在现代社会，人们十分关注语言智能和数理智能，通常的智能测试也主要测量这两方面内容。霍华德·加德纳预测，在不久的未来，由于计算机在生活中的普遍运用等因素，作为程序设计的数理智能和自我认知智能将会变得尤其重要。教育的根本任务就在于根据人的智能结构和智能类型，采取合适的教育模式发现人的价值，发掘人的潜力，发展人的个性。

2. 职校学生的智能类型

多元智能理论认为，人的智能类型存在着极大的差异，个体的智能倾向是多种智能组合集成的结果。从总体上来说，个体所具有的智能类型大致可分为两大类：一类是抽象思维；另一类是形象思维。个体的差异主要是由于受各种不同环境和教育的影响和制约，智能的结构及其表现形式有所不同。通过学习、教育与培养，个体的智能倾向主要为抽象思维者可以成为研究型、技能型、设计型的人才，而个体的智能倾向主要为形象思维者可以成为技术型、技能型、技艺型的人才。现代教育研究也表明"具有不同智能类型和不同智能结构的人"对知识的掌握也具有不同的指向性。也就是说"不同智能类型和不同智能结构的人"，不同的知识类型也有不同的选择。教育实践和科学研究证明"逻辑思维或抽象思维强的人"，能较快地掌握诸如概念性的原理、论证性的知识，而"形象思维强的人"，能较快地获取经验性和策略性的知识。职业教育的教育对象绝大多数具有形象思维的特征。

3. 基于多元智能理论的教育理念

根据霍华德·加德纳的多元智能理论，作为职业教育工作者应该具备现代教育理念，正确树立新型的教育观。具体表现在：

（1）要树立新的学生观 根据多元智能理论，学生的智能类型和发展水平存在若干较大差异，每个学生都有自己独特的优势发展领域和特点。学校里没有差生，只要为他们提供合适的社会环境和教育，他们都能够成为社会需要的多种类型的人才。绝对不应当用英才教育模式下单一、传统的智能测验标准来要求职校学生，否则就会导致学生身心的片面发展。教师要确立新的学生观和人才观，相信学生只有智能类型和特点的不同，而没有聪明和愚笨之分。因此，每个学生都能在教师有效的教育下得到充分的发展，在学校的教育教学中，让每位学生发现自己至少有一个方面的长处。教师必须全面了解学生，承认他们之间的差异，并且尊重这些差异，了解每个学生的优势智能和弱势智能。教师需要对不同的学生进行区别对待，因材施教，并对相同的教学内容采取不同的教学方法，提出不同的要求，根据不同的教学内容采取不同的教学形式，满足不同学生的需求，发挥各自的特长。

（2）要树立新的教师观 霍华德·加德纳教授指出，优秀的教师应该是能够就一个概念打开多扇窗户的人，他们的作用就好像"学生与课程之间的中介"一样，能够根据学生个体表现出来的独特的学习模式，经常注意到那些能更有效地传达有关教学内容的辅助教材，并能尽量采用既有趣又有效的方法运用它们。教师在学生多元智能的教育开发中应扮演多元的、积极的角色，从知识的权威者转变为学生学习的指导者、支持者、合作者、促进者，使教师由舞台的主角变成幕后的导演；从传授知识的严师转为学生学习的引导者；由课程的重要执行者转为课程的研究者、实施者和评价者，构建教师与学生之间的相互尊重、相互理解的民主、合作的师生关系。教师还要增强职业角色意识，不断提高专业素质，遵循教育教学规律，正确选择教育内容和方法，有效地运用教学方法，对学生加以适当的鼓励、支持与引导，以让所有学生都能得到适合自己的智能发展。同时，教师应发挥人格魅力，努力提高自身整体素质，以广博的知识引导学生，以高尚的人格感染学生，促进学生的学业进步和人格完善，使之最终成为有利于社会发展的可用人才。

（3）要树立新的教学观学校　教育不仅只是传授知识，重要的是要引导学生多元智能的发展。教师的任务应不仅仅限于授业、解惑，在教学方法上，不能像过去进行"填鸭式教育"，教师应重视学生个体之间存在的智能差异，尽可能地调整自己的教学思路，为了学生智能的全面发展而教，采取多元性的教学方法。要研究教学素材，充分利用教学媒体，创设良好的教学情境，精心设计教学过程。在教学活动中，教师让学生更多地参与和表现，重视学科之间知识和能力的迁移，在活动中因人而异，因材施教，帮助引导学生将优势智能向弱势智能迁移，尽可能地开发学生各项智力。针对学生的心理和生理特点采取丰富多彩的教学方法，才可能最大限度地培养学生各方面的能力。

（4）要树立新的评价观　评价的目的在于发展学生的各种智能，使学生认识自己智能的优劣，进而弥补自己的劣势。多元智能理论是从多角度用全面的、发展的眼光来评价学生的智能发展。这一理论启示人们，应当摒弃以标准的智力测试和学科成绩考核为重点的评价观，而将评价和教学过程融为一体，使教学过程成为评价学生多方面智能的过程。课程评价的内容不应该单纯只关注语言智能，而应同时关注学生其他智能的发展，要坚持评价内容的多样化。教师在设计评价活动时，要根据实际情况把各种智能运用有机地结合，使学生有信心运用多种智能来完成。在教学过程中，应建立科学的评价体系，改变过去考分决定一切的片面做法，使学习过程和对学习结果的评价达到和谐统一，重视评价学生真实的能力，坚持评价主体的多元化和评价方式的多样化。

教师要按照学生的智能类型和特点进行有区别的教学。在职业学校的教学中承认学生在多元智能上发展不均衡的事实，尊重他们的个体差异，关注他们的心理感受，让更多的学生有受到肯定的机会、成功的心理体验、切实可行的追求目标，已显得尤为迫切和重要。依据多元智能的理论，要对智能水平不同的学生进行因材施教，就是根据学生的个别差异采取不同的教育方式和教育要求，提供不同的教学内容，让学生进行主动地学习，使每个学生在原有基础上获得最佳发展。

4. 职校学生的智力特点

智力与智能，是一直以来经久不衰讨论的一个话题。职校学生的智力特点（一般情况下）：①数理逻辑推理能力欠缺；②语言表达形式过激或者沉闷；③性格外向，但注意力不够集中。

在这种特点上容易形成的优点（一般情况下）：①人际关系智力增强，思想和意识活跃；②对于运动兴趣浓厚；③个人意识与自我创业能力加强。

在这种特点上容易形成的缺点（一般情况下）：①理性程度偏低，自控能力不足；②谋划系统较差，学习动机缺失。

3.1.2　职校学生的认知加工特点

职校学生的认知加工特点一般是指在学习知识和技能的过程中影响学生的心理、生理方面的特点，包括认知方式、智力才能、学习和记忆策略等。学生的学习是一种全面认识世界的过程。主要通过掌握前人所记录起来的科学知识，间接地认识客观世界和主观世界。建构主义理论认为，知识的获得是学习个体与外部环境交互作用的结果，强调认知主体对学习的能动作用，倡导教师应作为学生主动主义建构的帮助者和促进者。学习者可以按照自己的个性特征进行学习，享有教师提供的个性化教学信息资源和适应性教学指导。教育心理学认为，学习个体差异是个体在内在身心结构和外在行为习惯上所表现出来的相对稳定而又不同于他人的个性特征。在生理方面，个性差异主要表现为性别、年龄、身体、体能的感觉、知觉等方面；在心理方面，个性差异主要表现在知识结构、智力类型、兴趣、爱好、动机、情感和意志等方面。

1. 建构主义理论

瑞士心理学家让·皮亚杰（Jean Piaget）在 1970 年发表了《发生认识论原理》，其中主要研究知识的形成和发展。他从认识的发生和发展这一角度对儿童心理进行了系统、深入的研究，提出了认识是一种以主体已有的知识和经验为基础的主动建构理论。让·皮亚杰认为，认识是一种连续不断的建构，所谓的"建构"，指的是结构的发生和转换，只有把人的认知结构放到不断的建构过程中，动态地研究认知结构的发生和转换，才能解决认识论问题。建构主义理论的内容很丰富，但其核心是：以学生为中心，强调学生对知识的主动探索、主动发现和对所学知识意义的主动建构。建构主义理论的主要观点如下：

1）建构主义理论认为，学生的学习是通过建构自己对世界上的关系与现象的理解来进行的。学生建构对世界的理解是一个积极的智力参与过程，为此，教师必须鼓励学生去体验这个世界的丰富性，赋予学生提出问题、寻求答案的自由，激发他们去理解这个世界的复杂性。学生在学习中要成为独立的思考者，为自己的学习承担责任。学生能够对概念形成完整的理解，提出重要的问题并寻找答案。

2）建构主义理论强调，学习是一种智力型劳动，是由学生主动地在活动中进行，学生是学习的主体。知识不是通过教师传授得到，而是学习者在一定情况、知识背景和生活经验与情感的作用下，借助别人的帮助，即通过人际间协作交流活动而实现的意义构建过程。

3）建构主义理论强调，学生新知识的建构是建立在已有的知识和经验之上的。新知识的建构必须满足两个条件：一是学生的背景知识与新知识有一定的关联度，新知识的潜在意义能引起学生情感的变化；二是注重互动学习方式，知识是个体与他人经由磋商并达成一致的社会性建构。学生在日常学习活动中，对周围的自然现象和社会生活都有自己的一些看法，这就构成了学生学习时丰富而广泛的经验和背景知识。学习中学生具备利用现有的知识经验对新知识进行推理的潜能，通过新经验与原有知识经验的相互作用，充实、丰富和改造自己的知识经验。在学习活动中，学生个体是通过师生和生生之间的相互不断的交流与沟通，不断在自己原有知识背景的基础上完成新知识的建构的。

4）建构主义理论认为，知识的建构是在教学环境的创设和学习方式的转变中实现的。建构主义教学的环境由情境、协作、会话和意义四大要素构成。教师为学生创设的学习环境必须有利于学生对所学内容的意义构建，把情境创设作为教学设计的最重要内容之一。协作产生于学习过程的始终，学习资料的搜集与分析、问题的提出与验证、学习成果的评价与鉴定，直至意义的最终建构都需要协作。会话是协作过程中小组成员之间进行交流的形式，会话过程每个学生的思维成果（智力）为整个学习群体所共享，所以会话是达到意义建构的重要手段。

5) 建构主义理论强调，教学过程是师生互动与合作的过程。建构主义教学的主体是学生，是学生的学习。这就要求学生由知识的被动接受者和知识的被灌输者转变为信息加工的主体和知识意义的主动建构者，要求教师必须要转换角色，从知识的传授者、灌输者转变为学生学习活动的合作者、促进者、引导者和咨询人。

2. 职校学生的认知特点

职校学生基本处于 15~18 岁的年龄段，属于身心发展迅速、旺盛的时期，是智能发展的黄金时代。因此，职校学生已经具备良好的认知能力，并有强烈的认知需求；认知方式上，对新鲜事物，他们大多能引起探索的强烈兴趣，记忆和思维常常受到偏爱和习惯化了的态度和风格影响；他们的社会成熟度低，认知结构和思想方面简单，对真伪、美丑、精华糟粕的分辨能力较差，容易兼收并蓄。

3. 职校学生的学习特征

对认知特征的分析离不开具体的学习任务，学习是贯穿人的一生的非常重要的活动。通过学习，学习者可以获得前人所积累的丰富的知识、宝贵的生存技能、方法及社会能力。没有学习就没有人类的生存和发展。因此，"学习"是教育心理学研究的核心课题。

心理学界对"学习"的解释包括三个要点。其中一点是，活动主体的变化必须保持一定时期，变化是能相对持久保持的，因此有些因素（如适应、疲劳等）也可导致行为的暂时变化。学习是指学习者在特定条件下练习或反复经验引起的行为、能力和心理倾向的相对持久的变化。

关于人的学习，狭义的可以解释为学习是个体在社会实践活动中，以某种媒介为中介，经思维活动而积累经验，进而产生行为、能力和心理倾向的相对持久变化的过程。人类学习的典型形式是学生在学校学习，它不但具有学习的一切本质特征，而且具有自身独特的特点。

首先，学生在学校学习是以掌握书本（媒介）的间接经验为主。学生在学校学习主要是掌握人类已经形成并积累下来的、以语言符号为物质形式的社会历史经验，即间接知识经验。这是人类在漫长的社会实践活动中认识和改造世界所创造的精神财富和结晶。内容包括文化科学知识、技能和社会活动规范及行为准则等。学生学习的主要目的就是要掌握这些知识经验，把它转化为自己的精神财富，形成必要的才能和品德。虽然强调掌握书本的间接知识经验，但是并不否认在学习过程中必要的直接经验。事实上，掌握知识和技能总是要以一定的直接经验为基础的。

其次，学生在学校的学习是在教师的组织指导下，根据学生年龄特点、心理特征、知识水平和认知能力有目的、有计划、有组织地进行，不同于日常生活或其他松散方式的学习。学生学习的目的要求、课程内容、时间安排和组织形式都有明确的规定，使学生能在较短的时间内取得最佳的学习效果。

第三，学生的学习不仅要掌握系统的科学知识、技能，还要形成正确的世界观、人生观、价值观和道德观。学生的学习是一种全面的认识世界的过程，主要是通过掌握前人所积累起来的科学知识、技能，间接地认识客观世界和主观世界。因此，这种学习与劳动者、科学家们通过实践直接去探索尚未发现的事实与真理的认识互动有所不同。尽管学生在学习过程中也会有所发现，尽管此过程不能脱离社会实践，但他们主要的精力和大量的时间还是学习和掌握系统的科学知识和技能，同时通过有目的、有组织、有计划的各种教育活动培养他们的世界观、人生观、价值观和道德观，为将来进一步认识和改造世界打好基础。

职校学生的学习呈现纷繁复杂的特征，从时间范围看，"学习"包括课堂中的学习和业余时间的学习；从空间范围看，"学习"既有校内学习，又有校外学习以及家庭和社会等更广泛空间的学习；从学习内容看，"学习"既包括教学计划、大纲中的文化课、专业基础课、专业课程（包括理论课程和实践技能）的学习，又包括广泛的科学知识和社会经验的学习，还包括道德修养和行为习惯的学习等。从传统教育角度分析，职校学生在学习方面存在某些不足，如目前职校学生大多文化基础比较差，缺乏学习自信心和意志力，没有形成良好的学习方法和习惯，相当一部分学生存在厌学心理，学习兴趣和学习自主性有待进一步培养。但是，从发展的眼光看，职校学生也具有自身"二强一高"的长处，即动手能力强、可塑性强、运动兴趣高。作为职校教师，要针对学生具体表现中所反映出的问题，在研究职校学生学习特点，找到共性特征。重点解决学习态度、学习兴趣、学习方法、学习效果等方面的问题，在实践中因材施教，促进职校学生掌握应有的知识、技能，具备应有的素质，学有所长、学有所成和学有所用，成为技术型人才或初中级管理人才。

3.1.3 职校学生的初始能力分析

学生的初始能力是指学生在学习某一特定的知识和技能时，已经具备的有关知识与技能的基础以及他们对这些知识、技能学习的认识和态度。对职校学生的初始能力分析，可以从预备技能、目标技能、学习态度和学习动机四个方面去分析。

1. 预备技能分析

预备技能是学生进入新的教学之前就已经掌握了的相关知识与技能，是从事职业技能学习的基础。预备技能包括入门技能和对该职业技能领域已经有的知识。通过预备技能分析，可以发现学生尚未掌握的必需的基础技能，以便合理安排新的教学内容时，把握适当的学习起点，并在学习内容中加入学生所欠缺的预备技能要求。

2. 目标技能分析

目标技能是教学目标中规定学生必须掌握的知识和技能，是学生今后从事的职业领域所必须具备的专业基本技能。通过目标技能分析，可以了解学生能在大多的程度上掌握目标技能。如果设定的目标技能已经完全掌握了，那就可以再提升相应的教学目标，以便安排教学内容的重点放在更高的目标上。

3. 学习态度分析

学习者对于要学的内容可能已经有印象或持有某种态度，甚至对于该如何教学也有自己的看法。通过学习态度分析，可以了解学生对特定课程内容的学习有无思想准备，有没有偏见、误解或抵触情绪等，针对学生已有的态度情况可以确定如何在教学中采用相应的教学策略，改变和提升学生主动学习的态度。

4. 学习动机分析

初始能力分析就是要确定教学的出发点。因此，初始能力和教学起点是具有相同内涵，而具有不同指向的一对概念，这一概念的统一体现了教学设计以帮助学生学习为目的。在现行的社会教育背景和职教环境下，职校学生已成为一个特殊群体，甚至可以说是弱势群体。进入职业学校的学生或多或少都有失败感，因为用世俗的成功标准来看，他们不仅仅是考试竞技场上的失败者，在某种程度上他们也已经输掉了未来。这种思想会通过各种途径折射到这些学生的心里，最终构成学生错误的自我认识及自我定位。

3.1.4　职校学生特征表征及分析

学习者特征是指学习个体所具有的心理、生理和社会特点，它涉及个体的智力因素和非智力因素；既有静态因素，又有动态因素；既有共性因素，又有个性因素。每个学习个体具有不同的知识水平、认知方式、认知能力（智力）。每个学习个体都有自己独特的学习风格、动机、兴趣、性格；每个学习个体都有自己的年龄层次、性别、教育程度、家庭背景、素养技能等社会背景。对教学产生影响的学生特征主要有四个方面，即年龄特征、个性特征、社会化特征和认知特征。

1. 学生特征的四个表征

（1）年龄特征　年龄特征是学习者在一定年龄段心理和生理所表现出的一般的、典型的、本质的特征，反映这一年龄阶段的学习者所具有的特征变化，具有普遍性和共同性，是相同年龄阶段的学习者所表现出的共性特征。

（2）个性特征　个性特征即个性差异，通常指个体在内在身心结构和外在行为习惯上所表现出来的相对稳定且又不同于他人的个性特征。处于相同年龄阶段的学习个体又有其自己独特的个性，对学习有影响的个性特征主要表现在认知差异、学习动机、性格差异三个方面。个性特征虽然不会直接影响学习的发生，但它与学习动机一起反映了个体的人格变化，是学习有效发生的情感因素和动力因素，会间接影响学习的方式、学习的速度和质量，影响对学习内容的选择，还会影响学生的社会性学习及个体的社会化。

（3）社会化特征　社会化特征反映的是学习者在社会化过程中的社会阅历、文化背景、家庭背景和职业类型、地理位置等。学生需要通过与其他人的交流、协作，融入个人对社会文化的价值取向、审美情趣、态度及行为方式。

（4）认知特征　人的认知特征涉及认知方式、认知能力和认知结构三个方面，这三个方面对学习的影响各不相同，如认识方式影响学生对学习通道、学习环境的选择，影响对学习内容组织程度的偏好；认知能力影响学生学习的进度、知识类型、巩固程度及学习的迁移；认知结构影响教学组织形式、教学方式、教学手段等。

2. 职校学生特征分析

职校学生特征分析是为了了解学生的生理、心理与社会背景等因素。

（1）职校学生的智力发展　正常职校学生作为一个特殊的青年群体，其智力发展通常较好，不存在智力低的问题。已故心理学家、教育学家朱智贤先生主持的一项国家重点研究课题"中国儿童青少年心理发展与教育"的研究结果发现证实了这一点。有人用韦克斯勒成人智力表对职校学生进行了一项智力调查，结果发现职校学生的平均智商属于中上智力或高智力水平。

（2）考试焦虑　所谓考试焦虑，是指与入学考试、智能测验、学业测验等相关的焦虑，它是一种急性焦虑。考试焦虑在职校学生中普遍存在，并时常危害着职校学生的心理健康。

（3）自卑心理比较强　进入职校就读的学生，有相当一部分是在与普通高中无缘的情况下，进行的一种无奈的选择，他们在同龄人中自感抬不起头来，具有较强的自卑心理，有一种"失落感"。职校学生在基础教育阶段大多处于学生群体中的弱势，学习基础和学习习惯较差，自信心不足，对自己确定的目标通常都难以坚持下去。由于学校、教师、家长以往对他们的评价主要集中在学习方面，认为只有考上好中学才能考上好大学，考上好的大学才能找到好的工作，"学而优则仕"的上千年文化积淀形成了社会大众的普适价值观。长期处于这种环境下，他们潜移默化地接受了这种"主流"的思维模式，并以此来判断自己的价值。

（4）价值准则倾向于理想化　根据研究，职校学生的价值准则类型以接受式为主，即价值准则的经验内容主要由间接经验支持，而缺乏直接经验。这种价值的准则具有明显的离散特征，当他们被某个体调用来进行社会行为判断时，当事者会表现出明显的苛求现象或理想化倾向。

3.2　职校学生的非智力因素特点

非智力因素属于心理学范畴，它包含的因素是心理的、主体的、客体的。其概念可分为三个层次考察：第一个层次为广义的非智力因素，这是个最普遍的提法；第二个层次为狭义的非智力因素，由感情、意志、性格、信念等因素组成，它指智力因素以外的，主要有动机、兴趣、期望、学习热情、责任感、义务感；第三个层次为主体的非智力因素，由成就动机、求知欲、荣誉感、自信感、自信心、好强心、自制力等因素构成。个人成才或学生的学业成就，既需要聪明才智和学习能力等智力因素，而且也要有适度的学习动机、浓厚的学习兴趣、饱满的学习热情、坚强的学习毅力等非智力因素，职业教育重视教育在发展智力因素的同时，注重非智力因素的训练，全面发展高素质人才。

3.2.1　职校学生的学习动机

学习动机是发动、维持个体的学习活动，并具有一定目标的内部动力机制。通常表现为三种，即推力、拉力和压力。推力是发自个体内心的学习愿望和需求，它可以提高学生对学习的必要性的认识、对学习的求知欲、对未来的理想等产生。拉力指外界因素对学习者的吸引力，使学生从事学习活动。压力指客观现实对学习者的要求，迫使其从事学习活动。三种动力机制都可以促进学生进行学习，压力往往难以独立持久作用，必须转化为推力和动力才能真正发挥作用。学习动机可以促进学习者为达到某一个目标而努力、去奋斗。学生动机越强，他们为之付出的努力越多，热情越高，越能坚持不懈。具有良好、适当学习动机的学生更倾向于进行有意义的学习，力求理解和真正掌握所学的内容，最终改善学习行为，促进学习能力的提升。

学习动机的产生和发展是一个复杂的动态过程，它与社会生活环境和教育的影响密不可分，特别是与学习过程本身有着非常密切的关系。学习动机能够推动学习活动，而学生在学习活动中对学习价值、学习兴趣、学习成绩的认知以及对自身学习能力等的评价反过来又增强学习动机。例如，职校学生刚开始进入职校学习时，可能只是为了满足家长要求和谋生的需要而学习，但随着学习过程的展开，对学习内容却产生了真正的兴趣，从而形成内在的学习动机，使学习活动获得强烈的、持续的动力。学习动机激发和转化既是内在需要驱动，也受外部诱因作用。内在需要包括求知欲与好奇心、自尊心与好胜心、成就感与使命感、理想信念以及生存与安全感等需求；外部诱因有学习内容的知识性与趣味性、挑战性与价值性、学习氛围、家长奖励、老师表扬、逃避惩罚、帮助就业等诱因。不同的学习动机可以互相转化和迁移。

3.2.2　职校学生的学习心理

比较职校学生与普通高中学生的心理状况，两者之间的区别还是比较明显的。经常为中学生做心理咨询的中国科学院心理所博士生侯瑞鹤认为，普遍高中生的问题一般集中在学习成绩提不上去、担心考不上大学等上，他们的学习目标很明确，学习动力比较充足。而职校学生的困境主要是行为习惯不良、情绪比较偏激，明显表现出学习动力不足、职业目标缺乏，他们的强项是想法比较多元、动手能力强。职校学生进入学校后，因不同的专业和不同的学科及学生在学习中的压力不同，通常在学习中表现出不同的学习心理结果，大体上可分为学习积极型和学习消极型两大类型。

1. 学习积极型

学习积极型的学生主要有两种类型。

（1）学习目的性明确型　这类学生虽然能正确分析自己，选择适合自己或自己比较爱好的专业，到职业学校以后能认识到学好专业知识和专业技能的重要性。为自己定好学习目标，在学习中，这些学生因为有明确的目标，学习有动力，自然就吃苦耐劳，因此学习认真，相应基础就能不断提高。

（2）好胜心理支配型　这类学生进入职业学校后，文化基础在班级前列，而在初中从未有过这种情况，因此产生一种优越感，信心增强，学习自然就认真，并能不断进步，在多次成功的激发下，产生了好胜心理，同时提高了自尊心，平时就能加倍努力勤奋学习。

2. 学习消极型

学生学习消极的原因很多，可能早在初中阶段或小学阶段就已经形成，主要表现为两种类型。

（1）求达标型　这类学生缺少坚强学习意识，学习习惯不好，平时学习不认真，大都表现为懒惰型，不爱动脑，怕困难，喜欢抄袭他人作业，学习积极性不高，在临考前才想到考试要及格，考前盲目复习，而往往不能如愿。少数的是属于迟钝型，反应迟钝，记忆有困难，理解能力差，学习效率低，自认不如人，学习积极性不高，只求考试或考核能合格就能够了。

（2）纯厌学型　这类学生讨厌学习。由于以往的各种因素造成原来学习基础差，无法跟上"要求"，大部分学生都不想继续学习，是其父母将他们送进职校。他们在学习中表现懒惰性较为严重，并且还有部分学生有严重的逆反或畏惧心理。进入职校后，不管是什么课程对他们来说都认为不可学。即使所有的专业书籍都是从零开始，他们也会感到力不从心。虽然有心想学，但长期以来形成的思维定式，让他们自信心严重不足。

3.2.3　职校学生的情感与兴趣

情感与兴趣是一种对智力与能力活动有显著影响的非智力因素。情感是人对客观现实的一种特殊的反映形式。喜、怒、哀、惧、爱、恶、欲，即常言中"七情"，都是人对客观事物的态度并带有特殊色彩的反映形式。人在认识世界和改造世界的过程中，与周围现实发生相互作用，产生多种多样的关系和联系。在增进智力与能力的同时，必须提高情感的稳定性，抑制冲动性，否则提高智力与能力是有困难的。情感性质与智力、能力发展活动相关，肯定情感有利于智力与能力操作，否定情感不利于智力与能力操作。积极情感，如愉快、兴奋等，能增强人的活力，驱使人的积极行动；否定情感，如悲伤、痛苦等，则能减弱人的活力，抑制人的行动。所以由于情感有不同性质，会产生对智力与能力活动的增力与减力的效能。人在智力活动中，对于新的还未认识的东西，表现出求知欲、好奇心，有新的发现，会产生喜悦的情感；遇到问题尚未解决时，会产生惊奇和疑虑的情感；在做出判断又觉得论据不足时，会感到不安；认识某一事物后，会感到欣然自得等。学生在学习过程中，不仅要进行认识性的学习，而且要进行情感性的学习，两者密切地联系着。如果两者相结合，则可以使学生在积极的情感气氛中，把智力与能力活动由最初发生的愉快，逐步发展为热情而紧张的智力过程，从而积极地提高学习成绩。

兴趣是力求认识某事物或爱好某种活动的倾向，是对事物的感觉、喜好的情绪。兴趣以认知和探索某种事物的需求为基础，是推动人去认识事物、探求真理的一种重要动机，是学生学习中最活跃的因素。有了学习兴趣，学生会在学习中产生很大的积极性，并产生某种肯定的、积极的情感体验。人的兴趣有四个方面的个性差异：兴趣的内容及其社会性；兴趣的起因及其间接性；兴趣的范围及其广泛性；兴趣的时间及其稳定性。兴趣是发展思维、激发学生主动学习的一种内在动力。

一个人的情感与兴趣随着年龄的不同而变化。职校学生年龄一般在 15～18 岁，他们属于青年初期，是身心发展最迅速、最旺盛、最为关键的时期，也是各年龄发展阶段的最佳时期，又称为人生的黄金时代。职校学生的情感与兴趣具体分析如下：

1. 职校学生的情感分析

职校学生的内心世界是五彩缤纷、各具特色的，他们内心世界的丰富多彩和复杂多变表现在：

（1）情绪不稳定，情绪自控能力较弱　处于青春期的职校学生具有明显的情感两极性，比少年期更为突出，容易出现高强度的兴奋、激动，或是极端的愤怒、悲观。他们的情绪变化很快，常常是稍遇刺激，即刻爆发，出现偏激情绪和极端的行为方式，冲动性强，理智性差。在日常生活中，不少职校学生情绪躁动不安，动不动就想哭，大喊大叫或摔砸东西，与同学、朋友争论起来面红耳赤，甚至发生激烈的争持。

（2）社会性情感表现冷漠　就其实质而言，职校学生的冷漠是多次遭遇严重挫折之后的一种习惯性的退缩反应。不少情感冷漠的职校学生对他人怀有戒心或敌意，对人对事的态度冷漠，漠不关心，有时近乎"冷酷无情"，对集体活动冷眼旁观，置身于外。

（3）感情容易遭受挫折，挫折容忍力弱　面对当今社会的文凭歧视和社会偏见，以及劳动力市场上越来越激烈的就业竞争，职校学生群体普遍感到巨大的压力和深受伤害，对生活逆境没有充分的心理准备，不清楚如何把握自己的命运。一些职校学生稍遇挫折，就觉得受不了，产生厌世心理。出走、打架、斗殴、自残、轻生等现象在职业学校并不少见，也说明职校学生应对挫折的能力比较薄弱。

（4）情感严重压抑，情绪体验消极　受社会大环境的影响，许多家长认为孩子只有进入重点学校才有前途和出息，而进入职业学校，等于是成才道路上领到一张红牌，被判定"下场"或没出息。在社会和家庭的双重影响和刺激下，职校学生的心理压力增大，常常有身心疲惫感，觉得自己活的真累。特别是一些单亲家庭、特困家庭或家庭关系不和睦的职校学生，不愿意和别人交流自己的真实感受，也不善于合理宣泄自己的不良情绪，更容易产生抑郁、悲观等消极情绪体验。

2. 职校学生的兴趣分析

职校学生的兴趣比较广泛，同时也存在一定的盲目性、依赖性和放纵性。例如：①沉迷于网络游戏；②男生大部分都喜欢篮球或者足球，女生运动较少；③沉溺于酒吧或者 KTV；④女生喜欢电视、娱乐、打扮等。

职校学生的学业问题长期以来一直是职业教育行政管理部门、学校领导及教师关心重视、思考研究的课题。除了树立正确的人生观、价值观，制定符合实际需要的培养目标外，客观分析和认知影响职校学生学业成就的因素，并有针对性地采取措施，提高教师教学的有效性，提高学生的学业成就，使他们成为具备相应职业能力、人格健全的劳动者，是职业教育工作者迫在眉睫的任务。

总之，职校学生学业成就与其非智力因素水平存在显著相关性，换句话说，非智力因素对职校学生的学业成就有着显著影响。其中对职校学生的学业成就影响较大的几项非智力因素是"成就动机""好胜心""学习热情"等。非智力因素水平低下制约着职校学生，非智力因素水平亟待提高。职校学生非智力因素的培养是一个系统工程，需要学校、家庭、社会、教育行政部门等共同参与。

3.3　中职制冷专业的教学对策

3.3.1　中职制冷专业学生的现状调查

1. 生源情况

近几年来随着中职学校的全面扩招，职校教育的学生综合素质也在明显下降，学生的素质特别是文化课的成绩已成了最头疼的问题。经调研，职校制冷专业制冷与空调专业方向和其他专业相比招生录取分数较低，表明生源的文化基础总体比较薄弱。同时，本专业具体的招生成绩差异性也比较大，最高分和最低分相差甚至超过 100 分。这无疑给学校的教学工作带来很大难度，教学活动中有的学生"吃不饱"，有的学生"吃不了"。以此，在教学时更应该注意对学生基础知识的关注。另外，考虑到本专业的就业环境相对艰苦，而且是偏向体力活，所以报读者 95% 以上是男生，女生寥寥无几。调查发现部分学生认为对专业知识比较迷茫，无从下手，学生学习的主动性较差。

2. 学习情况

（1）学习成绩　通过对本专业学生期末考试的成绩进行了抽样和统计，结果显示：①学生的学习成绩存在两极分化现象，基础学科学生的及格率比较低，如数学、英语等；②高年级的不及格率比较高，而且同一个专业或者同一个班不及格率后一个学期高于前一个学期。

（2）学习态度　期末考试不及格率与学生的学习态度有关。少数学生的成绩很低，从某种程度上说明他们的学习态度不太端正，学习积极性不高，有很大一部分的学生明确表示不喜欢教师目前所采用的教学方法；有相当一部分学生学习情绪波动比较大，对未来缺乏自信心。学习者对于要学的内容可能已经有印象或持有某种态度，甚至对于该如何教学也有自己的看法。通过对学生的学习态度分析，可以了解学生对特定课程内容的学习有无思想准备，有没有偏见、误解或抵触情绪等，针对学生已有的态度情况可以确定如何在教学中采用相应的教学策略，改变和提升学生主动学习态度。

3. 学习内容与兴趣

制冷专业的学习内容与其他专业相比可能相对比较苦、比较累，不能很好地迎合学生的兴趣，导致学生的学习动机较差，而学生的学习动机往往是教学成功的重要因素，有效的学习离不开学习动机。如果学生头脑中有了适当的知识储备，而没有主动学习的倾向，新的学习仍然不能发生。通过对学生的学习动机分析，可以了解学生对特定教学内容是否有兴趣，了解学生对内容的学习愿望和要求积极程度。从而可以针对学生的实际情况，开展适当的教育，激发学生的学习动机和学习兴趣，培养学生更加努力和集中注意力、促进记忆，帮助学生更加有效的学习。

3.3.2 中职制冷专业的教学方式

如今的中职学校面对的学生是一个特殊的群体，这个群体中的大多数人，不适应从概念到概念的抽象教学方式，对传统的教学方法存在着消极抵触情绪，使原有的专业教学模式遭遇到严重挑战。这些学生，不管他们是什么基础，也不管他们是出于何种原因到校学习，经过三年教育后他们要毕业走向社会，成为社会人，而且是社会的一个庞大的群体。因此，如何根据这些学生的特点，培养激发他们的学习兴趣，使他们学会应掌握的专业知识和技能，是中职学校专业教学必须面对并解决的问题。能源与动力专业教学活动的组织与实施应充分考虑学生的接受程度和接受能力，超出学生接受能力的教学是没有意义的。针对制冷专业学生的特点，提出以下教学对策：

1. 自行研制实训设备，创建"教、学、做"一体化教学环境

能源与动力专业是一个综合性要求很强的专业。它不仅有自身的专业特殊性，而且涉及许多相关专业的理论知识和操作技能，学生不仅要具有扎实的专业理论知识，而且必须掌握一定的实际操作能力。因此，必须大力加强"教、学、做"一体化教学环境的建设，创建以工作项目为目标的实训环境。例如，学校可创建电冰箱和空调器原理性模拟教学环境，自行设计、制造制冷和空调原理性综合实验台，实现对电冰箱和家用空调器制冷系统、电控系统、保温系统整体构造及工作状况的模拟实验操作教学。学生通过实验装置，人为模拟故障现象，在教师引导下，自己观察故障现象，分析故障原因，学习排除方法，使以往学习中的难点化难为易。又如，学校可创建中央空调智能化实训操作教学环境，自行研制的中央空调智能化模拟实验设备，使中央空调专业课的教学演示、实验、实习在一个教学环境中充分展示，学生能亲眼看到中央空调及其运行工况。再如，教师可以开展各种专项技能教学，有效地解决现代微型计算机控制技术价格昂贵无法引入课堂教学的难题，缩短学生与市场对人才需求的差距，创设专业独特的教学环境，自行设计安装制冷空调器、电冰箱模拟实验装置以及制冷模拟实验教学设备及检测维修展示综合实验装置，可以实现对各种不同工况下制冷设备运转的调整与测量，实现了各类工种交叉的综合技能实训教学。

通过创建"教、学、做"一体化教学环境，学生只要一进入制冷专业教学区，映入眼帘的都是与本专业密切相关的实验装置、实验设备。"教、学、做"一体化教学环境充满了浓厚的专业气息，在这样的环境中实施专业教学，使课本中讲述知识的文字变成了一个活生生的实验和操作。

2. 深入钻研教材，及时补充完善修订教材内涵

教学过程是教师向学生传递信息，并使学生掌握的过程。教师教学的方向、内容、方法决定了教学的进程，直接影响教学的结果和质量，所以，教师在教学工程中的主导作用具有必然性。只有借助教师的主导作用，学生才能以简洁有效的方式，掌握基本科学文化知识，迅速站到科学技术的前沿。当代的制冷专业技术工人的就业范围已不再是局限于小家电生产维修，而是越来越多地进入了中央空调安装维护、中小型冷库的维修及汽车空调养护等领

域。这些都已远远超出了原有教学大纲的要求。为了帮助学生适应社会领域发展的新形势，教师就必须要精通专业基础知识，对教材做到懂、透、化的基础上精选教材，加强教学的预见性和计划性，适当地调整章节顺序，更新教学知识点，在中等职业教育中及时充实教材内容，以真正发挥教师在教学中的主导作用。例如，目前使用的教材中，对制冷设备的讲解，重点停留在往复式压缩机、壳管式换热器、热力膨胀阀，而市面上使用的制冷设备中越来越多地选用旋转式压缩机、螺杆式压缩机、离心式压缩机、板式换热器、电子式节流机构等高效节能技术，虽然在制冷维修工的考评中的要求比重不大，但这些知识点对学生今后的实际工作有着现实意义，这就要求教师及时补充讲解新的知识，以充实教学内容。

3. 因材施教，灵活运用教学方法激发学习兴趣

教师的教是为了学生的学，因此教师选择教学方法时必须考虑学生的实际情况，包括年龄特征、个性特征、知识智力和班级状况。制冷不仅涉及传热学、热力学、流体力学等理论知识，教学中还对实际操作动手能力提出了较高的要求，教学难度极大。对此，只有根据学生的实际情况和教学内容，及时调整教学措施，采取不同的教学方法，才能真正取得好的教学效果。例如，在蒸气压缩式制冷循环过程的讲解中，一般采用直观教学法，在实验室现场，对照各实物部件，先介绍制冷循环的基本组成，再连接起来，介绍整个循环过程和原理。这对普通学生接受而言，有直观形象的优势，但对整个循环过程的理解，则存在死记硬背的不足。对抽象思维能力较好的学生，可换用研讨式教学方式。首先给出研讨的题目，比如："如何将教室的温度降低至低于室外温度？"学生根据已学的热力学定理知道，热量总是自动地从高温物体传到低温物体。即教室要降温，热量就要传递给低温的制冷剂。那么室内就应该有一个换热效果好的热量交换装置，同时，从生产实际考虑，等量制冷剂在释放潜热时热量交换最大，即效率最高，应该保证进入房间的制冷剂是液态的，在房间吸收热量后，蒸发为气态。所以称这个房间里的直接制造冷量的换热器为蒸发器。而制冷剂又如何实现流动和循环的呢？这就需要一个类似心脏的动力源了，即压缩机。它能将电能转换为制冷剂的动能，不断地将低温低压制冷剂蒸气压缩为高温高压的制冷剂蒸汽。如此讨论下去，就可以把整个蒸气压缩制冷循环过程推导出来，并且将四大组成部件的功能原理解释清楚。学生在分析问题和解决问题的过程中，积极思考，受到启迪，培养了探究科学知识的兴趣，锻炼了思维能力。

4. 教师不墨守成规，及时更新教学观念

现代社会是一个学习型的社会，强调可持续发展。制冷专业教学不应是简单地以一技之长授人，而应该是帮助被教育者寻求职业生涯发展的途径。培养的人才不仅要掌握必需的基础文化知识、扎实的专业基础知识和熟练的基本技能，还要具有进一步接受教育或学习的能力，能够更新知识、提升知识、转换知识。换句话说，教学的过程也应该是教师主导地位逐步减弱，而学生主动性增强的过程。在对制冷设备维修工的培养，乃至所有职业技术人员的教育过程中，都必须发挥学生的主观能动性，引导学生动脑、动口、动手，积极探索、自觉主动地去获取知识和提高独立发现问题、分析问题和解决问题的能力。例如，讲解空调器的选购，涉及利用传热学的公式计算。把这部分内容设计成一个项目，即为自己的家选择配套的空调器。将枯燥的知识点与实际生活相结合，调动学生的主动性。首先布置课外作业，即学生丈量房间尺寸，了解房屋结构，掌握家用空调器型号标准。回到课堂，教师先解释空调器型号意义，结合热力学原理，介绍空调器工作原理。再回到正题，使用经验图表，计算房

间热负荷。最后，由学生选择满足标准要求的空调器，现场运转实验，通过各种参数的检测验证是否正确。这样将理论与实际生活挂钩，教学就不再是生硬的讲解，而转化为师生互动的交流。学生既学到了知识，同时也经历了实际项目的分析解决过程，掌握了学习方法，激发了学习兴趣。

5. 以"实践"考试为手段，培养学生综合能力

制冷专业的教学目的，是重视解决工程的实际问题，使学生获得较强的实际操作技能，具有利用基本知识分析和解决工程实际问题的本领。采用实践教学新模式后，学校在进行教学模式改革的基础上对考试模式进行了改革尝试，以工程实际问题为模板，将教师提供的考题现场随机抽取。考试过程既有实践动手操作，又有理论分析。在规定的时间完成动手操作和理论答卷后，借助实习环境、多媒体进行答辩，教师和学生代表根据学生答卷情况和操作过程中的实际情况综合评定打分，以平均分作为学生最后的考试成绩。对学生在实际操作、选择素材、借助计算机多媒体辅助设备等方面有创意的，给予一定的创新分数，记入学科总分。在这种新的考试模式下，学生的学习积极性得到了较大的发挥，教学质量和综合能力不断提高。

第4章 能源与动力专业的教学媒体和环境创设

4.1 能源与动力专业的典型教学媒体

4.1.1 教学媒体的概念

媒体（Media）是中间的意思，意指在信息来源和接受者之间传递信息的任何事物。例如，影片、电视、收音机、录音带、印刷数据等都可视为沟通媒体（Media of Communication），这类媒体被用于教学上传递信息，即称为教学媒体（Instructional Media）。教学离不开教学信息的传输，而教学信息传输的数量和质量取决于传播教学信息的载体。在教学过程中，教师运用媒体把教学内容的信息传输给学生，学生则通过媒体接收教学内容的信息。

4.1.2 教学媒体的种类

教学媒体有许多不同的类型。《美国大百科全书》中将教学媒体分为：印刷材料，如书本、杂志等；图示媒介，如地图或投影显示等；照片媒介，如照片、幻灯片、电影等；电子媒介，包括录音、录像设备等。有人则将媒体分为实物和人、投影视觉材料、听觉材料、印刷材料、演示材料。

我国学者冯忠良依据教学媒体所负载的信息特征，将教学媒体分为非言语系统媒体、模象系统媒体、动作及表情系统媒体、口头言语系统媒体、书面言语系统媒体。邵瑞珍依据教学媒体所作用的感官通道，将教学媒体分为非投影类的视觉辅助媒体、投影类的视觉辅助媒体、听觉辅助媒体、视听辅助媒体。下面，单就教学媒体中的辅助媒体做简单介绍。

1. 非投影类的视觉辅助媒体

这类教学媒体包括实物、模型、图表资料以及用于视觉呈现的设施——黑板及其改进后的呈现板（如磁力板、多目的板）。

黑板是讲授式教学中最常使用的媒体。在授课过程中，它可以用于支持语言交流活动，非常适合用于描述教学内容。但它最大的缺点就是需要使用者花费大量的时间去书写，且当教师背对学生书写时，容易失去对学生应有的控制，无法看到学生对板书内容的反应，影响教学效果。

实物能够将要学习的东西活生生地呈现在学生面前，帮助学生理解，加深学生的印象。但有时获得实物媒体需要花费很大的代价，且有时实物也不能提供对事物本质的认识。

模型是实物的一种三维代表物，它可以比实物大，比实物小，或与实物一样大。它能够表现实物的一定特性，且比较经济，还可以根据需要突出实物的某些特质，使学习者获得对实物内在本质的更加深刻的认识。

图表资料是一种经过特殊设计的二维的非照片类的教学媒体，它的特点是可以将所要传达的信息及其相互关系以简明扼要的方式呈现出来，有助于学习者把握结构、加深理解、增进记忆。

2. 投影类的视觉辅助媒体

这类教学媒体主要包括投影器和各类幻灯机，是通过光和各种放大设备将信息投射到一个平面上，以便于学习者观察学习的教学辅助设施。

投影器的优点是：教师可以事先把许多重要的内容写在透明胶片上，因而可以大大节省上课时板书时间；教师使用投影器时，可以始终面对学生，保持相互之间的交流；投影器可以投射各种类型的透明胶片，并且可以在胶片上加上各种强调记号，便于教师进行教学；投影器操作简便，投影胶片容易制作，便于储存。但是投影无法对印刷资料和其他的非投影材料进行投影，有时使用起来不太方便，而且投影成像的扭曲也常常发生。

幻灯机与幻灯片配合使用的投影类视觉辅助媒体的特点是：成像清晰，便于观察；幻灯片尺寸小，易存放；自动化程度比投影器高，可以进行远距离遥控；如果需要，还可与录音机配套使用，给幻灯片配上同步的解释。但使用幻灯机时必须使周围环境暗下来，影响了师生之间的信息交流，且幻灯片的制作相对投影胶片更难，不便于教师根据教学需要及时制作使用。

3. 听觉辅助媒体

这类教学媒体主要有录音机、收音机、激光唱片等。其中最主要的是录音机。录音机可以储存和重放听觉材料，为教学提供必要的说明和支持；在语言学习中可以用于矫正、训练发音和会话；且造价低，录音磁带可以反复使用，经济方便。使用录音机进行教学最大的困难在于教师无法有效地控制磁带播放位置和调整磁带播放速度，从而导致教学时间的浪费，降低了教学效率。录音机在使用时不宜单独使用，而应该与其他视觉辅助媒体配合使用，这样可以避免学生因长时间没有刺激而产生厌倦。

4. 动态辅助媒体

这类教学媒体主要包括录像、电影、电视等。这种媒体在教学活动中的优越性为：擅长描述动态概念（如电冰箱毛细管节流）和操作过程（如分体式空调器安装的操作过程）；可以为学生无法直接观察的动态的宏观、微观现象（如制冷剂充注量的判断）提供方便；其图像和声音资料可以反复播放，从而为学生动作技能的学习提供反复观察、模仿、练习的机会；这类媒体还能够通过真实的剧情使学习者获得对历史、文化的理解以及情感上的教育。但这类媒体在教学中使用最大的障碍是制作技术较难，花费较大，因而使用范围有限。

5. 多媒体辅助系统

多媒体系统是各种媒体结合起来使用，综合两个以上媒体而形成的教学辅助设备。它既可能是由传统的视听媒体组成的多媒体设备，也可以是综合了文本、图像、声音、录像等的计算机多媒体系统。计算机多媒体系统除了可以为学习者参与学习提供丰富的视听之外，还可以为学习者提供更好的个人控制学习系统，使学习过程变得富有个性，在实现教学活动个性化、民主化方面拥有明显的优势。它的不足之处是软硬件花费比较昂贵，这在很大程度上阻碍了它在教学中的使用。

6. 辅助教学光盘

辅助教学光盘是各门课程摄制的示范教学的光盘，供辅助教学之用。它尤其适应于教学条件较差的边远地区。

4.1.3 典型教学媒体的特点

教学媒体有以下主要特点：

（1）**重现力**　指媒体不受时间、空间的限制，能将记录、存储的内容随时重新使用的能力。不同媒体的重现能力是不同的。例如：实时的广播与电视瞬间即逝，难以重现；录音、录像与电影媒体能将记录存储的信息反复重放使用；幻灯、投影与计算机课件也能根据教师与学习者的需求反复重现。

（2）**表现力**　指各类媒体表现客观事物的时间、空间、声音、颜色以及运动特征的能力。由于信息不是事物本身而是事物的表征，而不同的媒体用不同的符号去表征或描述事物，因而对事物运动状态与规律具有不同的表现力。

（3）**传播力**　指媒体把各种符号形态的信息传递到一定空间范围内再现的能力。有无限接触和有限接触之分。例如，计算机网络和有线电视系统能将信息传送至较为广阔的范围，而幻灯、投影、录音、录像等只能在有线电视教学场所播放。

（4）**参与性**　指在应用媒体教学时，学习者参与活动的机会。它可分为行为参与和感情参与。例如：电影、电视、广播等媒体，具有较强的表现力与感染力，容易引起学生情感上的反应，从而激发学生感情上的参与；而计算机多媒体的交互作用，能使学习者在上网学习过程中根据本人的学习需要去控制学习进程，因此它是一种行为与情感上参与程度高的媒体。

（5）**可控性**　指使用者对媒体操纵控制的难易程度。例如，幻灯、投影、录音、录像及计算机媒体等比较容易操纵，并适合于个别化学习。而对广播、电视，只能按电台播出的时间去视听，学习者的自主选择性不强，且不易操作。

4.1.4　教学媒体的功用

在教学实践中无论是使用单一的媒体还是组合的媒体，都是为达到最优化的教学效果服务的。具体地说，教学媒体的功用主要有以下几点：

1. 突出教学重点

正确运用教学媒体，不但能突出教学重点，而且有利于学生理解和掌握知识。例如，"电冰箱制冷系统维修"这部分教学内容，根据教学目标，有十多个知识点，其中需要理解、应用的知识点是重点，可以制作一张幻灯片列举出这些重点内容，着重讲解或小结复习。

2. 解决教学难点

使用教学媒体，可以有效解决教学中的难点。例如，制冷空调热力膨胀阀的工作原理是教学中的一个难点，如果利用录像教学或动画教学就可以轻而易举地展示出热力膨胀阀的工作过程，将抽象观念或事物具体化。

3. 提供教学资料

根据教学需要，可以提供背景资料，如图片、历史镜头等。如在讲授"空调器电路维修"时，可以播放相关的教学录像，并提供参考资料。

4. 创设教学情境

利用现代教学媒体声形并茂的特点，可以给学生创设一个良好的教学情境。例如，影视是动态的视觉与听觉的结合，这种耳闻目睹、多种感觉器官的综合作用为学生提供了身临其境的感性的替代经验，有助于在教学中弥补学生直接经验的不足。语音室也为学生创设了一个语言交际和学习的环境。

5. 提供教学示范

利用现代教学媒体的再现性，可以给学生提供优秀教师的教学录像，以提高学习的兴趣，增进学习的互动性。

6. 启发学生思考

教学中应用媒体时要与各种启发方式相结合，启发方式有激励启发、类比启发、联想启发等。例如，在"制冷原理"的教学中，可以先向学生展示制冷设备的结构及工作原理的幻灯片，然后提出问题让学生思考，"冷是怎样制取的?"观察幻灯片与提问相结合，激发学生认真思考，这种方法称为激励启发。

4.1.5　教学媒体的来源

教学媒体的来源有以下几点：

1）搜集报纸杂志、自然环境、日常生活的素材，转录或剪辑现有的教学节目。

2）充分利用本校现有的媒体。教师应该充分利用本校现有模型、实物、挂图、录像带、教学 VCD 和实验设备、设施，充分利用相关网站中远程教育课件和本校现有实训基地资源。这样既可以节省教师制作媒体的时间，又能节约学校的办学成本。

3）增加投入，不断完善和更新教学媒体。职业学校每年应该增加必要的投入，逐步完善和更新教学媒体。对专业课程中需要但没有配备的，尽可能购置配齐，对原已配备但有缺损的要及时修缮，对内容或技术落后的要及时更新。

4）教学模拟设备和仿真软件，可以由教师自己设计与制作或者请现场技术人员协助制作。如果制作技术含量高和难度大的，则可以邀请高一级技术人员帮助制作。

5）教学中需要使用的多媒体课件，如果制作复杂，工作量较大时，可分工制作，或由教师设计另请其他相关技术部门协助制作，也可以与其他单位共享资源。同时，软件开发注意教学软件的选题原则：针对教学内容的重点、难点的原则，即价值性原则；适用于现代教学媒体来表现的原则，即声像性原则；在技术上和经费上有能力承担的原则，即可行性原则；还要注意不重复开发原则。

4.1.6　能源与动力专业教学媒体的选择

媒体之所以能够用在教学活动中，完全是由它们本身所具有的特性和教学功能决定的。因此，选择教学媒体的基本原则就是看它们所具有的特性和教学功能对于帮助完成教学目的或目标有多大潜力。教学媒体的选择应该综合考虑教学目标、学习任务、学生特点、教学媒体的教学功能与特性等因素，不要盲目和刻意追求现代教学媒体。现代教学媒体具有其明显的技术优势，如果使用不当同样不能提高教学效果。

1. 选择教学媒体的注意事项

选择教学媒体的注意事项应从以下 6 个方面考虑：

（1）根据不同课程的教学目标选择　不同专业课程有其不同的教学目标，选择使用恰当的教学媒体，可以使学生通过该课程的学习，产生的行为变化更为明显。例如，在"热力膨胀阀"的教学中，如果仅仅依靠教材中的插图和实物模型、挂图，不能形象地、直观地显示热力膨胀阀的工作过程，学生较难理解热力膨胀阀的工作原理和调试方法。如果使用多媒体教学课件，动态显示其工作过程，结合制冷空调教学实物演示，学生就容易理解了。

（2）根据不同特点的教学对象选择　职业学校的教学对象生源比较复杂，存在着不同地域、不同的社会背景，他们的知识、技能起点各不相同。在围绕教学重点和难点的前提下，教师要针对不同特点的教学对象，选择采用不同的教学媒体，调动学生的积极性，激发学生的兴趣，帮助学生理解、记忆和掌握。

（3）根据教学媒体的特征和功能选择　每一种媒体都具有它的特点和功能，它们在色彩、立体感、动静态、音响、可控性以及反馈机制等方面都不相同，因此呈现教学信息的能力和功能也不完全相同，教师选择时要尽可能地预计其使用效果。例如，"冷暖型空调器电磁四通阀"的教学，可以根据实物模型和挂图展示其特征，通过配合三维动画的多媒体课件反映内部结构剖面，几种媒体组合使用，可以充分集中各种教学媒体的优势，增进学生的记忆，加深学生的认知程度，远比只用一种媒体的教学效果好。

（4）根据获得媒体的难易程度和使用媒体的效益及成本选择　教师在选择媒体时，还要考虑职业学校自身的因素，诸如学校现有条件下能否获得媒体、制作成本与达到的效果相比是否有意义（性价比）等。在能够达到教学目标的前提下，尽可能选择简便易行、成本较低的教学媒体。如仅需静态显示物体结构的，使用挂图比多媒体更经济、实用。又如，服务性的职业岗位技能教学通过现场拍摄标准规范实况，使用教学录像更加有效。另外，还应考虑教师自身教学工作量与获得媒体所付出的时间长短之比。例如，"空调器安装"的教学，通过拍摄工地工作实况录像，结合有关操作规程进行教学，经济合理，简便易行而且制作成本比较低。

（5）根据经济方面的因素选择　媒体的选择还受媒体花费的成本所制约。一般来说，媒体的选择应考虑成本低、功效大、有实效的媒体。如果有两种成本相同，则应考虑功能多的媒体。从经济实用角度考虑教学媒体的选择，是我国当前教学媒体设计必须考虑的一个重要问题，那种不切实际、一味追求教学媒体的现代化，而不考虑经济实用原则的做法是不可取的。

（6）根据不同地区学校的客观条件选择　在这一方面，教育者应发挥主观能动性，克服困难，创造条件，尽量引入适合需要的先进辅助教学媒体。

2. 选择教学媒体的程序

选择教学媒体的程序：先描述对媒体的要求，然后用选择媒体的模型进行初选，最后通过矩阵表找出最佳媒体。具体方法如下：

（1）描述对教学媒体的要求　当按照教学设计的过程来分析学习内容和学生特征、阐明学习目标、制定教学策略时，就已经形成了对适合特定教学情景需要的教学媒体的期望。这里的工作是对媒体的期望具体化，即用具体的语言描述对教学媒体的要求和应该发挥的作用。

（2）媒体选择的流程图　选择教学媒体的模型有很多种，它们都是人们在教学实践中，根据选择媒体的原则总结出的具体方法、程式或模型。利用模型来选择教学媒体，可以使选择的结果更为客观。

（3）最佳媒体的确定　根据流程图人们的注意力被导向较为恰当的某一个或某几个媒体。从理论上讲，这些媒体都是适用的，但实际上这些媒体中间还存在着最佳选择。因为在教学设计实践中，除按照教学目标、教学内容、教学对象、教学策略等因素的要求来选择媒体外，人们还要考虑一些其他的实际因素，如获得的可能性、成本低经济性、使用的便利性、师生的偏爱性等。

4.1.7　教学媒体使用过程中的心理学问题

1. 学习者的准备

学习心理学研究表明，学生能否从呈现的媒体中学到东西，在很大程度上依赖于学习者对呈现媒体的特性及呈现材料的准备状态。所以，在设计教学媒体时，一方面要注意为学习者提供有利于教学内容学习的知识准备（如不熟悉的词汇、术语），另一方面也要注意为学习者提供有关使用教学媒体的必要知识，了解媒体呈现材料的独特方式，以便学习时抓住重点，抓住最佳时机进行观察。

2. 学生注意力的控制和引导

由于现代教学媒体所展示的教学材料五花八门，丰富多彩，学生在感受这些材料时往往容易被一些新奇的但是次要的、无关的刺激所干扰，而且由于现代教学媒体所呈现的刺激往往比较强烈，时间长了学生容易感到疲劳。因此，当教师呈现教学媒体时，要注意对学生注意力的有效控制和引导。

3. 适当的媒体冗余度的保持

研究表明，学习者能否对信息进行整合，在很大程度上依赖于媒体的冗余度是否适当。因为从个体认知规律来看，学习者要形成信息的整体印象，前后信息必须同时保持在大脑中，整合才能有效地进行。为此，在教学过程中，媒体传递信息的速度不能太快，应利用现代教学媒体可快可慢的优势来进行有效调节。

4.1.8 教学媒体的最佳作用点和最佳展示时机

根据前面的内容，可以确定在课堂教学中使用哪一类媒体，但是在课堂教学过程中选择什么时机利用媒体来展示教学内容还是未知的。教学媒体的最佳展示时机，是根据教学内容及以往的教学经验，预测学生在学习过程中心理上可能发生的心理状态，或帮助学生将不良的学习心理状态转化为良好的学习心理状态，保证学习有效地进行，主要有以下几个方面：

1. 有意注意与无意注意的相互转换

由心理学研究结果可知，虽然在学生学习过程中，主要是有意注意在起作用，但是，无意注意在一定条件下，可以在很轻松愉快的气氛中，在不增加学生负担的情况下，起到有意注意所不能起到的作用。例如，调动学生的学习积极性，加强学习效果等。所以，有经验的教师，在教学过程中，要抓住这一特点，灵活地运用转换原理，既使学生紧张的大脑得到休息，又能达到较好的保持注意力的效果。

2. 抑制状态向兴奋状态的转化

由心理学研究结果可知，处于抑制状态的学生，是不可能很好地进行学习的。教师应想方设法，将这种抑制状态转化为兴奋状态。实现这种转变的常用方法是启发和解疑。

3. 平静状态向活跃状态的转化

在教学过程中，有时会出现学生对教师教学的内容既能接收，又不厌烦的情况。但是，由于对教师的教法摸得很透，就会产生"他一定会用老一套方法来教"的想法。然后就是平静地在那里等待，这是一种不良的心理状态。这时，教师应当采取学生意想不到的方法，打破这种平静状态，使学生的学习心理活跃起来。

4. 兴奋状态向理性状态的升华

学生兴奋起来并不是教学目的，学生处于兴奋状态，只是为学习的进一步发展创造了良好的心理条件。但是，如果教师不能适时加以引导，不能使学生的认识升华到新的境界，这种兴奋状态就不可能持久，教学目标就不可能更好地实现。这时，教师应当因势利导，采取有效方法，自然而然、水到渠成地将学生的兴奋状态引向理性的升华。

5. 克服畏难心理，增强自信心

从心理学的角度讲，在教学过程中，教师应从心理方面常给学生一种具有新意的刺激，让他们在对新鲜实物的尝试中，增强自信心。从教学方面讲，这种新鲜刺激能够高度集中学生的注意力，使他们处于一种积极向上的亢奋状态，愿意调动自己的全部力量去进行实践。这样做，不但能够克服学生学习时的畏难心理，而且可以调动他们的学习积极性，有利于培养和提高能力。

6. 满足表现能够胜任的欲望

人一般都希望别人把自己看作有能力、并能胜任某项工作的人，中小学生尤其甚之。如果教师能够把握学生的这种要求和愿望，及时地创造机会与条件，以满足学生的这种愿望与要求，那么，学生的学习积极性将会由此而进一步提高，学习的效果和质量也会更高。

4.1.9　能源与动力专业的典型教学多媒体课件的制作简介

1. 多媒体课件的概述

（1）课件的概念　课件是指具备一定教学功能的计算机辅助教学软件。从广义上讲，凡具备一定教学功能的教学软件都可称之为"课件"。课件可以说是一种课程软件，也就是说其中必须包括具体学科的教学内容。

（2）多媒体课件的概念　多媒体课件是指应用了多种媒体（包括文字、图形、图像、声音、动画等媒体）的新型课件，它是以计算机为核心，交互地综合处理文字、图形、图像、声音、动画、视频等多种信息的一种教学软件。

（3）多媒体课件的主要功能

1）图形、图像功能。在演示软件中加入图形、图像，可以使要演示的内容更加形象直观，也提高了软件的观赏性。

2）声音功能。可以是已有的声音文件，也可以自己录制声音，主要用于课件解说、背景音乐等方面，有利于引起注意，加深印象。

3）动画和视频播放功能。在多媒体演示软件中插入二维或三维动画，可以使静止的画面动起来，从而反映事物连续变换的过程。尤其在教学中，有利于帮助学生理解，提高学生的学习兴趣。同时，也可以加入录像，记录更真实的场面。这两者结合使用，互补所短，互取所长，使多媒体演示软件显示最显著的优势。

2. 多媒体课件设计应注意的问题

（1）突出教学重点　突出教学重点是多媒体课件开发的基本前提，多媒体课件的开发人员往往容易只注重于图、文、声、像等信息的有机结合，从而造成重点不够突出。

（2）良好的交互环境　良好的交互环境可引发学习者的学习兴趣，交互环境包括整个人机界面所用的颜色、文字大小、动画、背景音乐等信息单元。所有这些信息单元都将直接为人体的感官所感知，学习者是很难在感觉很差的环境中对学习产生兴趣的。因此，构建良好的交互环境是非常必要的。

（3）一致性原则　在多媒体课件中应采用相同或相似的用语、提示、组织形式和顺序，这样可以避免分散学习者的注意力和浪费学习时间，从而影响学习者的学习效率。

（4）相关性原则　在多媒体课件的开发过程中，开发者要注意将与所涉及内容有关的一些知识同时传授给学习者，使学习者能够较轻松地获取一些与此有关的知识，达到事半功倍的效果。

（5）辅助教学 多媒体课件的出现不是取代教师的地位，它只是推出了一种新的教学方式，使学习者能够在一种比较轻松愉悦的环境下进行有效的学习。多媒体课件只能辅助教师的教，辅助学习者的学。但为了更好地发挥多媒体课件的辅助教学作用，可以设计多种课件，供教师和学习者选择，使教师更为灵活地授课，学习者学得更加主动。

3. 多媒体课件的基本要求

多媒体课件的巨大优势在于它能实现对信息表现形式的选择和控制能力，同时也能提高信息表现形式与学生的逻辑思维和创造能力的结合程序，在顺序、符号信息等方面扩展人的信息处理能力。它展示在学生眼前的是一套图文并茂的有声教材、视听组合的多媒体教学环境与校园网络或互联网连接的无限延伸的教学系统，这些正好符合面向全体、面向未来、面向世界的先进教育理念。由于多媒体课件的教育性的特征，对多媒体课件提出以下基本要求：

（1）正确表达教学内容 在多媒体课件中，教学内容是用多媒体信息来表达的。各种媒体信息都必须是为了表现某一个知识点的内容，为达到某一层次的教学目标而设计、选择的。各个知识点之间应建立一定的关系和联系，以形成具有学科特色的知识结构体系。

（2）反映教学过程和教学策略 在多媒体课件中，通过对多媒体信息的选择与组织、系统结构、教学程序、学习导航、问题设置、诊断评价等方式来反映教学过程和教学策略。一般在多媒体课件中，大都包含有知识讲解、举例说明、媒体演示、提问诊断、反馈评价等基本部分。

（3）具有友好的人机交互界面 交互界面是学习者和计算机进行信息交换的通道，学习者就是通过交互界面进行人机交互的。多媒体课件中的交互界面多种多样，最主要的有菜单、图标、按钮、窗口、热键等。

（4）具有诊断评价、反馈强化功能 由于计算机具有判断、识别和思维的能力，所以，利用计算机这些特点，在多媒体课件中通常要设置一些问题作为形成性练习，供学习者思考和练习。这样可以及时了解学习者的学习情况，并做出相应的评价，使学习者加深对所学知识的理解。

4. 多媒体课件制作工具

子曰："工欲善其事，必先利其器"。课件制作也是如此。选择了适合自己使用的课件制作工具软件，才有可能制作出称心的课件作品。现在，课件制作中常用的软件工具有PowerPoint、Authorware、方正奥思（Founder Author Tool）、Flash 等几种。现对目前常见的多媒体课件制作工具性能作如下介绍：

（1）PowerPoint PowerPoint 是 Office 办公套件中的演示文稿程序。可以把它看作是一个媒体集成平台，能够集成文本、图形、图片、表格、声音、视频、动画等多种媒体元素，并有多种演播方式。PowerPoint 的主要优点表现在：

1）信息形式多媒体化，表现力强。

2）信息呈现快捷方便。

3）信息可以保存，可以重复利用。

4）信息容易复制，便于传播。

5）信息便于加工。

同时，PowerPoint 的不足也很明显，利用它制作的课件一般只能顺序播放幻灯片，虽然可以通过"超级链接"或右键菜单调出某一对象或某一张幻灯片，但仍然显得交互能力太弱，特别是对一些媒体的控制并不是很灵活，如加人的视频只能从头播到尾，不能设置暂停、继续等交互功能。

（2）Authorware　Authorware 是一款专业的多媒体集成工具，它对媒体片段的实现采用了基于图标的方法。图标决定程序的功能，流程则决定程序的走向。Authorware 的主要优点表现在：

1）基于流程，能够表现具体的算法。

2）能够制作非常丰富的交互。

3）有较好的开放性。

主要缺点为：

1）采用图标式流程设计概念不易理解，普通用户很难掌握。

2）基于流程，容易将结构构造复杂化，不利于总体内容的组织和管理，修改时也非常复杂与不便。

3）缺乏多媒体同步机制。

4）影像不能非窗口播放。

（3）方正奥思　方正奥思是北大方正技术研究院开发的一个可视化、交互式的专业的多媒体集成创作和发布工具。它易学易用，功能强大，控制灵活，具有丰富的多媒体表现能力，使得初学用户能够快速上手，对熟练用户更可以提高制作效率。其主要优点：

1）方正奥思采用页面式结构（类同 PowerPoint），基于对象的页面布局，相比较于 Authorware 的流程机制，其更加简单明了，易于理解掌握。

2）方正奥思用动作编辑代替了语言编程，方便了非计算机专业的老师和用户学习使用。

3）方正奥思内建的丰富的过渡效果节约了用户的大量时间。

4）能够制作非常丰富的交互。

5）方正奥思的多媒体集成功能明显强于 Flash，后者只适合制作矢量动画，而严重缺乏多媒体的集成控制功能，无法实现多种媒体资源的整合。

6）方正奥思对教师的计算机水平要求很低，易学易用。

同时，方正奥思虽有诸多的优点，但由于功能强大，制作课件过程稍显复杂，所用时间会较多些。

（4）Flash　Flash 是当今互联网上流行的动画作品（如网上各种动感网页、LOGO、广告、MTV、游戏和高质量的课件等）的制作工具。Flash 的主要优点表现在：

1）利用 Flash 制作的动画是矢量，不论你把它放大多少倍，都不会失真，保证了画面的亮丽、清晰。播放时，你可随时在 Flash 画面上单击右键，选"Zoom In"放大画面，细看画面上的每一个细节。

2）利用 Flash 生成的文件可以有载入保护功能设置，可防范他人任意修改浸透了你心血的作品，使你对完整的作品拥有完全的"版权"。这就是网上能堂而皇之地公开 Flash 这一多媒体课件或 Flash 制作的 MTV 的原因。

3）利用 Flash 生成的动画播放文件（*.swf）都非常小巧，这是其他软件所不能相比的。

4）Flash 对声音的设置处理也很独到，读入 *.wav 声音在生成的 Flash 动画播放文件时，文件被压缩到原文件的十分之一大小。

5）Flash 脚本功能强大是其他任何软件都无法比拟的。通过此功能，用户可以制作出灵活多变的交互型课件，使课件充满灵性。

6）绘画功能方便。比起 Windows 中的画图板来说，其功能更加强大。绘画工具齐全，色彩任意设计，还有线、圆形渐层色可设定，这样就可在二维页面上创作有立体感的图片了。

除此之外，Flash 课件制作具有形象、多样、新颖、趣味、直观、丰富等特点。它能激发学生的学习兴趣，使学生真正成为学习的主体，变被动学习为主动学习。

5. 多媒体课件制作过程简介

（1）课件的组合结构与思路　课件的制作是一项系统性很强的工作，必须要统筹规划，有详尽的制作计划，要十分清楚所要制作的课件要明确哪些概念、完成怎样的教学目标，以及该课件在课堂教学中的地位。为使课件更加完善，在制作课件前，要做一些素材等技术方面的准备。

1）脚本的准备。脚本是依据课件设计的目标编写的。脚本相当于课件的编制提纲。脚本的编写需要仔细分析和研究教学内容，理解教学重点、难点问题，确定课件的内容结构、表现形式及教学顺序。

2）素材的准备。课件以其具备多媒体效果，图文、音效并茂，对学生能进行全方位的感官刺激，从而提高学生学习兴趣和学习效率而深受广大师生的欢迎。素材要求一定要在课件实际制作之前收集整理好，如果等需要才查找，制作出来的课件往往显得杂乱无章，缺乏统一性。

（2）课件中的图形、图像与文字的编辑

1）位图素材的编辑处理。

① 在 Flash8 中导入位图文件。

② 位图图像的属性设置。

③ 位图图像的"打散"与填充。

2）文字对象的创建与编辑。

① 文字的输入。单击工具箱中的文本工具，在场景中拖动鼠标，出现文本输入显示框，在显示框中输入文字，即得到一个文本对象。Flash8 提供了两种格式的输入：固定文字宽度输入和不固定文字宽度输入。

② 文本的编辑。

③ 课件中段落性文字的设置。在一些以讲解为主的课件中，有时需要使用大段落的说明文字，这些文字的特点是字数多、篇幅长。所以，对此类文字进行设置时，除了设置好单个字符的属性外，还应该注重段落样式和对齐方式等属性的设置，使之表现出整齐、美观的整体效果。

（3）课件中动画的设计与制作　"化静为动"是课件教学的显著特色，丰富多彩的演示动画比静态的图片更能引起学生的注意，激发学生的学习兴趣，使学生在一种轻松的环境中对问题有深刻的理解。按照软件的核心技术分类，用 Flash8 设计动画可以分为如下几种：移动渐变动画、形状渐变动画、遮罩层动画、引导层动画和 Action 动画。这几种动画类型在课件动画设计的不同领域发挥着不同的作用。

4.2　能源与动力专业的教学环境创设

教学环境是多学科关注的领域。从主体构成看，教学环境包括教师教的环境和学生学的环境两部分；从内容构成看，包括物理环境和心理环境。从广义上说，教学环境包括社会制度、科学技术水平、家庭条件、社会关系等内容，这些因素都在一定程度上制约着教学活动的效果；从狭义上说，即从学校教学工作的角度来看，教学环境又包括学校教学活动场所、各种教学设施、校风班风、师生人际关系等。教学环境是学校教学活动所必需的客观条件的综合，它是由人、财、事、时空等要素构成的一个完整系统。

教学环境是一种特殊的环境，是教学活动必不可少的前提条件，它对教师的教与学生的学产生广泛的影响，尽管这种影响有时只是间接的、潜移默化的，但却不能忽视它的重要性。教学环境是学校开展教学所必需的各种客观条件的综合，是按照培养人、造就人的特殊需要而组织起来的。中等职业教育的教学环境就是根据职业教育的教学目标要求，为开展各种职业活动教学、培养学生专业技能和职业核心能力所需的各种教学条件的综合。中等职业教育的教学环境主要包括校内专业实训教学环境、网络教学环境、职业活动导向教学环境和校外实习环境等。

4.2.1　校内专业实训教学环境的创设

本专业的校内实践教学环节以基本技能训练、专项技能训练和综合能力训练三个由低到高的能力培养训练层面组成的要求进行设计，让学生在良好的实训环境中进行综合性技术训练，以利于学生的综合职业能力培养。

1. 创设的基本思路

方向和原则：符合工学结合的要求，同时满足职业、岗位培训要求，能体现新知识、新技术，逐渐确立其提供技术支持和服务的中心位置，突出中等职业教育的特色。

层次：培养具有高素质实用型、应用型能力兼备的创新型人才。

目标：适合社会发展和教学需要的实训场所，多功能、综合性实训基地。

要求：统筹规划、优化整合、合理布局、资源共享、提高效益。

2. 校内实训环境的主要功能

1）中央空调实训。

2）冷库实训。

3）电冰箱与空调器实训。

4）制冷压缩机拆装实训。

5）制冷空调电气控制实训。

6）制冷原理实验。

7）空气调节实验。

8）岗位培训（上岗证、维修工等级证）。

3. 校内专业实训环境

（1）管加工与焊接实训室　管加工与焊接实训室为学生训练制冷设备维修基本技能而设，其目的是使学生：

1）了解制冷系统维修专用工具的结构和工作原理。

2）掌握制冷系统维修专用工具的基本操作方法。

3）熟练使用工具对系统管道进行胀口、扩口、封口及弯制加工。

4）掌握检漏设备的操作方法。

5）掌握真空泵和修理阀的操作方法。

管加工与焊接实训室需配置的工具包括：焊炬、氧气瓶、氮气瓶、切管器、扩管器、冲头、弯管器、封口钳、排空钳、排空阀、三通修理阀和五通修理阀、卤素和电子检漏仪、温度计、压力表与真空压力表以及真空泵等。管加工与焊接实训室需配置的常用物料包括：铜管、邦迪管、钢管、毛细管、银焊条、氧气、液化石油气、氮气等。

（2）电冰箱与空调器实训室 电冰箱与空调器实训室为学生学习电冰箱和空调器的原理与维修内容而设。其目的是使学生掌握电冰箱主要部件的安装和管路的连接、电冰箱控制系统的安装、制冷剂的充注、电冰箱的调试与运行以及电冰箱的故障检修等技能；掌握空调器主要部件的安装和管路的连接、空调器控制系统的安装、空调器的调试与运行、空调器的故障检修以及变频空调控制电路的维修等技能。其主要设备及资料配备要求如下：

1）直冷式双门电冰箱。

2）风冷式双门电冰箱。

3）电冰箱、空调器实训台。

4）高低压力表、万用表、真空泵、钳形电流表、兆欧表。

5）弯管器、切管器、扩管器、封焊设备、封口钳、氧气瓶、氮气瓶。

6）R22、R134a、R600a制冷剂。

7）充氟与回收装置、检漏工具、排风装置。

8）实训指导书。

电冰箱与空调器实训室典型实训装置如下：

1）仿真电冰箱与空调器试验台。该仿真电冰箱与空调器试验台，可以通过故障设定，使学生了解、熟悉、掌握制冷压缩机在小型制冷与空调装置中常见故障分析及解决方法。本装置集分体式空调器、风冷式化霜电冰箱于一体，运用组合开放性，并增加电路、管路常见故障，让学生全面、系统地了解和掌握电冰箱与空调器的电路原理、电气线路与控制、制冷循环、制热循环、电路故障、管路故障的分析、排除和维修方法。

2）单冷分体式空调器实训装置。采用真实的单冷分体式空调器作为教学、实训对象，使学生能够了解和掌握实际空调器的工作原理及维修技能。空调系统检测分为温度和压力两个部分：冷凝器进口温度、压力；冷凝器出口温度、压力；蒸发器进口温度、压力；冷凝器进风温度、出风温度；蒸发器进风温度、出风温度。

3）电冰箱组装与调试实训考核装置。该装置是专门为职业院校制冷专业研制的实训装置，根据制冷行业中电冰箱维修技术的特点，针对电冰箱的电气控制以及制冷系统的安装与维修进行设计，强化了学生对电冰箱系统管路的安装、电气接线、工况调试、故障诊断与维修等综合职业能力。装置融合了流体力学、热力学、传热学和电气控制等技术。设备组成从结构上可以分为三大部分：实训平台、制冷系统部分和电气控制部分。

（3）中央空调实训室 中央空调实训室为学生学习中央空调水系统、风系统、电控系统等各系统原理及维修调试内容而设。其目的是通过中央空调实训设备与模拟仿真实训设备，使学生掌握中央空调系统的工作原理、运行操作程序以及制冷与电控系统的维修，为专业实习的实际操作训练打下扎实的基础，其主要设备及资料配备要求如下：

1）中央空调模拟与仿真实训装置。

2）仿真软件系统。

3）中央空调电气控制实训装置。

4）万用表、钳形电流表。

5）扳手、螺钉旋具。

6）实训指导书、设备使用说明书。

中央空调实训室典型实训装置如下：

1）中央空调模拟与仿真实训装置。该装置采用铝木结构实训台，主要由 5 部分组成，即一套制冷机组、一套水系统、一套模拟大厅、一套模拟卧室和一套电气控制系统。该装置采用 3 匹水冷机组，配置 2 台冷却水泵（其中 1 台备用）、2 台冷冻水泵，终端采用一个模拟大厅（风管送风）和一个模拟卧室，采用一套分水器和集水器对冷量进行分配调节，整个中央空调采用 PLC 作为主控机，由计算机通过通信线与 PLC 进行通信，从而控制整个空调的运行，也可通过网络实现远程控制。空调的运行参数由传感器及变送器进行采集，并通过 A-D 模块转换后送入 PLC 中，再由 PLC 送到计算机中进行实时显示监控。

该装置可实现手动控制和计算机控制两种控制方式。手动控制按钮在控制柜的门上，这些控制按钮接入到 PLC 各个相应的输入变量上，可直接对整个中央空调进行控制。装置采用组态控制技术，可实时对设备进行监控，采用动画流程显示的形式直观突出中央空调整个流程运行情况，并配以温度、压力等传感器进行参数数据采集与反馈，从而进行中央空调运行工况及各参数检测的实训。组态控制技术还可以方便地进行远程控制实训，对设备的监控、分析、记录、报警实行远程管理功能。中央空调实训装置提供的实训项目有：①认识中央空调的结构及设备的实训；②中央空调启动和停止的实训；③中央空调的运行、调节操作实训；④对中央空调的运行工况及各运行参数进行检测的实训；⑤对可编程序控制器 PLC 进行高级编程及 PLC 的安装接线调试进行实训；⑥配套压力变送器、温度传感器和相应的 A-D 转换功能模块，可对整个中央空调的运行参数进行采集、实时监控等实训；⑦组态技术应用实训——采用组态技术实现对中央空调运行进行动画显示，运行数据显示、实时监控、曲线分析、历史记录显示、报警、打印组态等功能；⑧网络远程控制实训；⑨网络的安装及设置实训；⑩传感器及变送器安装和使用实训。

2）中央空调电气控制实训装置。该装置是根据活塞式冷水机组电气控制电路为实训考核对象，通过对该装置的学习及实训可以使学生熟练掌握活塞式冷水机组电气的控制原理。学生通过考核板上的电路图来了解该实训装置的电气控制原理，根据智能化考核系统将编辑好的试题发送到每一个实训考核台的学生计算机上，学生计算机会根据试题内容在空调系统上产生相应的故障点，学生通过对故障现象的分析判断后，用仪表在监测点上进行检测来查找故障点的位置，从而提高个人的维修技能。

（4）冷库模拟与仿真实训室　冷库实训室为学生学习冷库结构、原理、运行调试与维修内容而设。其目的是使学生知道冷库的分类构造；熟悉制冷系统的基本组成；掌握电气控制的工作原理，能分析冷库的控制电路；能准确判断电气系统是否能正常工作并能对电气系统进行检修；会对冷库的制冷量进行计算；能独立改造和设计一个完整的综合性冷库。其主要设备及资料配备要求如下：

1）冷库模拟装置。

2）仿真软件系统。

3）冷库电气控制实训装置。

4）万用表、钳形电流表。

5）扳手、螺钉旋具。

6）实训指导书、设备使用说明书。

冷库实训室典型实训装置如下：

1）一机两库（冷库）实训装置。该装置由一台真实的冷库和一套控制电路组成，冷库内部隔开形成两个库，并在两端各设两个库门，再配置一套 3 匹风冷制冷机组，为冷库供冷。学生可以通过控制台来控制一机两库的制冷系统，系统的数据又会反馈到控制台，使工作过程透明易懂。学生还可以通过万用表读出运行数据，得出结论举一反三。通过对台可单台独立操作（与冷库断开），通过对继电器及温度、压力、电磁阀的控制，可分别模拟压缩机、温度保护、压力保护等功能，从而方便学生的系统调试，也更好地维护了真实的冷库系统。

2）小型冷库制冷系统实训考核装置。小型冷库制冷系统实训考核装置是根据《中华人民共和国教育行业标准（制冷和空调运用与维修专业仪器设备配备标准)》，教育部"振兴 21 世纪职业教育课程改革和教材建设规划"的教学要求，结合生成实际和职业岗位的技能要求，按照职业学校的教学和实训要求研制和开发的产品。适合"制冷空调机器设备""制冷空调装置安装操作与维修""制冷空调自动化""空气调节技术与应用""冷库电气技术应用"等课程的教学与实训，适合制冷及相关专业中级工、高级工和技师的职业技能鉴定及考核。该装置包含了小型冷库制冷系统工作原理及系统数据分析判断实训；冷库制冷系统流程原理及冷库控制原理；温度数据采集原理及压力数据采集工作原理；DUT4100 温度采集模块与三菱 FX0N-3A 数模转换模块工作原理及编程实训；小型冷库 PLC 程序控制原理及 PLC 高级编程实训；半封闭式压缩机故障分析及实训；触摸屏控制技术与工作原理及高级编程实训。

（5）汽车空调实训室　汽车空调实训室为学生学习汽车空调原理及维修内容而设。其目的是使学生认识汽车空调的结构；了解汽车空调制冷系统组成；掌握汽车空调通风、净化、配气、暖风系统拆装及检修；掌握汽车空调电气控制系统安装调试；掌握空调系统的维护及综合故障的诊断与排除。其主要设备及资料配备要求如下：

1）汽车空调模拟装置。

2）汽车空调实物。

3）高低压力表、万用表、真空泵、钳形电流表、兆欧表。

4）弯管器、切管器、扩管器、封焊设备、封口钳、氧气瓶、氮气瓶。

5）R134a 制冷剂。

6）充氟与回收装置、检漏工具、排风装置。

7）实训指导书。

4. 校内专业辅助实训环境

制冷专业是一个综合性强的专业，它涉及机电一体化、电工与电子、钳工与焊工、机械制图、热工与流体力学等领域知识。为了让学生全面掌握制冷专业，拥有较强的实际动手操作能力，除了配备校内专业实训室之外，还必须配置校内专业辅助实训室，包括电工电子实训室、单片机实训室、PLC 实训室、自动控制实训室、金工实训室、热工与流体力学实训室以及机械制图室等。辅助实训室可根据学校自身情况，结合其他专业实训进行设计，在满足其他专业实训教学的同时，为制冷专业服务，使实训设备的使用率得到提高。

4.2.2　网络教学环境的创设

科学技术发展已经极大地改变了传统教学的观念。网络教学作为一种新的教学方式，正在积极地开展起来。网络教学资源丰富，主要包括素材库（如制冷空调图片素材库、课件制作精美图片素材库、教师课件示范素材库、学生课件示范素材库）、各种内容的电子版教案、自编音像教材、中央空调、冷库设计资料等。这些网络资源不仅为教师实施现代化教学提供了丰富的内容，而且为学生自学提供参考，为提高教学质量提供了物质环境保障。利用网络在教学中的优势，学生可以通过登录该网站在课后或课前学习有关课堂知识，并使用网站提供的习题库自我检查学习效果，教师可以通过网络进行答疑、指导论文、讨论案例，并且对其中内容保持经常更新，提供丰富的教学资源。课程教学网站除提供课程相关的教学信息、在线学习功能外，还提供了大量的拓展资源，将课堂教学延伸到课外，便于学生自主学习。通过网络可以查找相应的授课教案、习题、教学大纲、课程标准、网站导航、职业标准等教学资源，为学生提供多渠道的学习方式，引导学生获取、掌握互联网上的资源。常见的网络教学资源有：

1）课程简介、教学大纲、授课计划和习题库等。

2）中职中专规划教材。

3）多媒体课件及教学 PPT 课件。

4）多种教学形式与教学改革写真。

5）实验实训指导书。

6）授课录像等。

7）试题库及自主学习软件。

8）在线交流软件。

9）教学资源库里众多的教学或学习资料。

4.2.3　职业活动导向教学环境的创设

中等职业教育的专业教学是与职业领域里的行动过程紧密联系在一起的，以培养具有综合职业岗位能力为目标，以国家职业标准为依据，以职业活动的学习领域为学习内容，运用行动导向的教学方法组织教学，并采用多元评价方法进行教学评价。在职业活动导向教学中，教师是教学的主持人、引导者、咨询员，学生是学习的行动主体。为了有效地开展项目学习和主题学习，教师要以基于职业情境的行动过程为途径，为学生的学习创设接近于活动实际的学习环境，并为学生提供丰富的学习资源、多媒体技术手段，让学生产生身临其境的逼真效果，从而提高学习效率。教师通过为学生的学习创造良好的教学情境，让学生在新颖和谐的学习环境中进行创造性的学习。职业活动导向教学环境是根据职业活动导向教学的要求，为开展各种职业活动导向教学、培养学生专业能力和核心能力所需的各种教学条件的综合。职业活动导向教学环境主要包括教学的物理环境和教学的心理环境。

1. 职业活动导向教学物理环境的创设

教学物理环境是学校进行教学活动的物质载体或物质基础。教学物理环境包括学校校园、教室、班级规模、教学设施和教学信息等多方面。学校校园是学校的自然地理位置所在，学校所处的位置、占地面积的大小、教学的环境布置和校园设施等构成学校校园。校园环境应该是安静、美观、和谐的，一个有利于教学活动开展以及学生学习的场所。教室是学校开展教学活动的主要场所。职业活动导向教学为配合教学活动的开展，除传统课堂授课的教室外，还创设了专用教室。班级规模对教学活动开展有着重要的作用。教学设施是构成学校物质环境的主要因素，是教学活动赖以进行的物质基础，教学设施是否完善、良好，直接关系到教学物理环境的质量。教学信息是学校信息的主要部分，教师和学生都可以成为信息的输出源和接收源，教师输出的信息是教学目标所规定的教学内容，真实、有效地传达给学生，帮助学生建立有效认知结构，促进学生智能的发展。学生也可以成为信息输出源，教学活动过程使学生把自己知识的掌握情况、学习感受和能力提高以及存在的问题等信息不断地输出，让教师接收到这些信息后，合理地调整教学方法及教学内容，从而不断地促进学生学习能力的提高。

职业活动导向教学环境具有自己的特殊性，有别于传统的教学环境。职业活动导向教学实施环境不仅局限于校园，可以延伸到企业和社会。在特定的环境内涵方面，职业活动导向教学环境建设必须符合职业活动导向教学以培养学生职业能力为目标的规范性要求。学校是教书育人的场所，所有的教学环境因素都经过了一定的选择和净化处理，与传统的教学环境相比，职业活动导向教学环境教学场所同样必须为保证职业活动教学的开展进行选择性的创设。与传统的教学环境相比，职业活动导向教学环境具有易于调节控制的特点，人们可以根据职业活动导向教学活动的需要，不断对教学环境进行必要的调控，使教学环境有利于职业活动导向教学活动的顺利进行。职业活动导向教学环境的创设与传统课堂教学环境有较大区别，职业活动导向教学要为学生创设一个活动的课堂，一个便于师生交流与互动的教室和实现情境教学的环境。

教室是开展教学活动的主要场所，与传统的教室要求相同，教室要有一定的平面空间，平面的长宽比例恰当，教室布置整齐洁净，通风条件良好，室内温度舒适宜人，采光充足均衡、色调宁静协调，还要不受噪声影响。座位编排方式是形成教学环境的一个重要因素，与传统的教室座位编排不同，职业活动导向教学的教室座位布置形式可以不拘一格。在职业活动导向教学中，为了达到教学活动的相互作用，在座位的编排上更多地采取弹性化、多样化和多功能设计，为学生创造班集体教学、小组教学和个别教学为一体的班级教学组织环境。根据不同的教学内容和学习活动形式采用不同的教室作为布置形式。以下介绍几种比较适合职业导向教学的常用座位布置形式。

（1）环形排列　环形排列是指让学生围坐成一个或几个圈，教师也坐于圈中。这种座位排列形式适合于问题讨论和互相学习，如案例教学法、角色扮演法等。环形排列可分为单环形排列和双环形排列。

（2）马蹄形排列　马蹄形排列又称为"U"形排列，它将课桌排成马蹄状，教师处于马蹄的开口处。这种座位排列形式适合于双向型信息交流，既有利于突出教师对教学过程的引导，又有利于发挥学生的主体作用和合作关系，对班级集体教学和分组教学都适用。马蹄形排列分为双排列和单排列。

（3）小组式排列　小组式排列将课桌分成若干组，每组由4~6张课桌构成。这种座位排列形式，让学生坐成几个圈，给学生较多的参与不同学习的机会，适合于任务驱动教学法、项目教学法等。

（4）会议式排列　会议式排列类似于一般会议室的布置，学生与学生相视而坐，教师处于学生的前方。这种座位排列形式适合于课堂问题讨论和学生互相交流的座位布置，如案例教学法、引导文教学法等。

2. 职业活动导向教学心理环境的创设

教学心理环境是学校有效保证教学活动开展的精神基础，由学校内部诸多无形的社会因素和众多心理因素构成。教学心理环境包括校风、班风、课堂心理气氛和校园文化等多方面。

（1）教学心理环境构成因素分析　校风反映了一所学校内部集体的行为风尚，是学校师生员工经过长期的努力形成的。一所学校校风的好坏对教学活动产生巨大的影响，这是一种无形的影响，也是潜移默化的。校风是学校教学心理环境的核心，良好的校风是催人向上的，能增强师生员工自觉性，齐心协力去完成学校既定的教学目标；消极的校风会使学校缺乏生机活力，使教学活动秩序混乱，师生人心涣散，情绪低落，难以形成工作与学习积极向上的合力，最终导致学校的教学工作难以实现教育目标。

班风指班级所有学生在长期交往中所形成的一种共同的心理倾向，是校风形成的基础。良好的班风主要是指尊师爱友、勤奋学习、关心集体、讲究文明卫生等风气，它促使学生在良好的合作与交往中发展共同的价值观念，并激发学生学习的热情。班风一经形成，就具有情感上的吸引力和感染力，影响班级的每个学生，它既能塑造学生的人生观和价值观，又会影响学生的学习态度和学习动机，促进教学活动的顺利开展。

课堂心理气氛是班风的主要体现和反映。课堂心理气氛是指群体在共同活动中表现出来的占优势的、较稳定的群体情绪状态。课堂心理气氛主要指课堂某种占优势的态度与情感的综合表现，具体地说，它是指班级在课堂教学过程中所形成的一种情绪、情感状态，包括师生的心境、态度和情绪波动以及课堂秩序等。与独特人格一样，每个课堂都有自己独特的气氛。课堂心理气氛是逐步形成的，一旦形成了就有其相对稳定性。课堂心理气氛的好坏主要依赖于班级中的大多数学生对目标和任务是否认同，对教师的教学方法和教风是否心悦诚服，对教学工作的现状是否满意，师生之间的关系是否和谐等。课堂教学过程实际上也是一个师生情感交流的过程。在教学活动中，课堂教学气氛对能否顺利完成教学任务，达到教学目标具有十分重要的意义。良好的课堂教学气氛具有极大的感染力，其本身具有课堂效果的"助长"作用。如果课堂教学气氛生动活泼、积极舒展，那么就能极大地促进师生之间的情感交流和信息传递，这样的课堂教学气氛是教师善于引导，学生精神饱满、思维积极、反应敏捷，教学效果理想；反之，如果教师不善调控，课堂教学气氛沉闷，学生无精打采，课堂纪律问题较多，情绪压抑，甚至状态失控，学生产生不满、焦虑等消极情绪，极大地阻碍师生之间的交流，教学效果难以令人满意。教师的引导方式是影响课堂心理气氛的关键因素。

校园文化是学校特有的文化现象。校园文化包含学校的办学理念、传统习惯、管理制度、校园思潮和教学的人际环境等基本要素。教学的人际环境从不同方面影响着教学活动的开展。在教学过程中，师生相互交流、相互影响，从而增强师生的情感交融，促进学生学习兴趣的增长与学习能力的提高。教学环境的创设同校园文化的营造是互相联系、互相影响的，学校良好的教学环境，对其校园文化的营造起到正面的促进作用，反之亦然。

（2）教学心理环境的创设　对职业学校专业教师而言，教学心理环境的创设主要在于课堂心理环境和课堂教学氛围的创设。职业活动导向教学要求创造一种人人参与学习、参与活动，并对学习充满兴趣与热情、勇于探索和体验的学习活动过程的教学心理环境。教学心理环境的形成，是教师、学生和教育情境相互作用的结果。职业活动导向教学要求课堂呈现热烈活跃与严谨祥和的氛围。教师是营造良好课堂气氛的组织者和引导者，学生是创设课堂气氛的主体。作为职业学校的专业教师不仅要为学生的学习提供符合实现教学目标和呈现教学内容的"境"，而且要善于运用情感来激发学生的学习动力，动之以"情"，使师生间产生一种互动效应，创设出理想的教学情境。

4.2.4　校外实习基地的建设

中等职业教育是以就业为导向的教育。中等职业教育的培养目标是培养适应生产、建设、管理服务一线需要的技能型人才。技能型人才是将专业知识和技能应用于专业实践，熟练掌握生产一线的基础知识和基本技能、从事生产一线的专业技术人员或操作人员。中等职业教育课程是以提高学生的职业能力和综合素质为主要目的，中等职业教育课程是基于知识的应用和技能的操作，经过职业教学活动，不仅要使学生"知道"，而且要使学生"会做"；不仅要让学生在校内获得相关的专业知识和技能，还要让学生有机会通过实习基地给学生直接"操练"的环境，特别是去企业一线，在职业岗位上跟企业师傅或指导教师一起，接受师徒式的实操实练，培养他们娴熟的职业技能。因此，除了校内实习实训场所等实践教学环境外，校外实习基地的建设也是教学环境创设不可缺少的内容。

1. 校外实习基地的功能

校外实习基地是职业学校实践教学和工学结合的重要平台，也是学生了解社会、服务社会、接受职前教育进行岗位体验的主要渠道和场所。学生在校内实习实训场所内所进行的实习实操训练，都是仿真性的、角色模拟的，技能的训练学习是初步的。由于职业学校的条件限制，许多更高水平的技能训练在校内没有办法完成，因此，校外实习基地是职业学校实践教学体系的一个组成部分，是为弥补校内实践教学设施的不足，完善实践教学环节而建立的。其主要功能如下：

（1）学校能够缓解校内实训场地和设施的不足状况　职业学校由于办学经费紧张等原因，一般都存在校内实训场地和设施的不足状况，特别是较高水平的技能训练无法实施；随着行业的设备、技术、工艺等更新越来越快，对企业使用的新设备，职业学校通常难以有足够的经费来购买。

（2）学生可以学到特殊的工作诀窍和提高方法能力　学生在校内的训练是模仿性的，毕竟不是实际岗位的真实过程，许多个体化的、具有主观性的工作技巧知识往往是学生在校内学不到的，只有在实际岗位上才能习得。学生还可以在校外实习基地学到从事职业活动所需要的工作方法和学习方法，解决实际问题的思路，独立学习新技术的方法，提高方法能力，这也是中等职业教育培养创新精神和创业教育的具体表现。

（3）学生可以获得真实岗位的工作体验和锻炼社会能力　学校的教育学习者角色与职业工作的角色、校内的教学情境与工作场合等毕竟是不同的。学生今后从事职业活动所需要的能力，不仅需要培养与同事相处的能力、小组工作的合作能力、与客户交流协商的能力，而且要求具有积极的人生态度和社会责任感、社会公德意识与参与意识。校外实习基地是学生接触社会的主渠道，学生在那里不仅能够获得真实岗位的工作体验，还可以在职业活动中锻炼社会能力。

2. 建立校外实习基地的途径

建立校外实习基地以提高教学质量为目的，以有效措施为保障，坚持"校企合作、工学结合""满足教学需要、实习就业一条龙"的原则，使其成为人才培养的重要依托。

（1）校企合作 中等职业教育的专业随着社会经济的发展而发展，而每个专业的人才培养都与其相关的行业紧密结合。职业学校为企业培养、输送专业对口的技能型人才，必须符合企业用人标准。学校通过校企合作，在对口企业建立校外实习基地，增强学生的岗位适应能力。制冷专业毕业生主要去制冷空调企业生产第一线、售后维护等基层部门从事电冰箱维修、空调器维修、冷库运行维护、中央空调运行维护等工作。根据本专业毕业生去向，学校可以与制冷空调制造企业、制冷空调维修中心、制冷空调运行管理等对口企业签订校企合作协议，建立校外实习基地。学校可以对技术培训（委托培养、课程进修）、技术交流、信息交流等方面对实习基地单位给予优先考虑，派相关教师为企业提供技术革新的相关服务，在毕业生就业政策许可范围内，可优先向实习基地单位推荐优秀毕业生。实习基地单位对学生实习派出行业内具有较高水平的技术人员承担实践教学的接待和指导任务，实现资源共享。

（2）工学结合 人才培养需要出发，本着"教学与生产相结合"及"互利互惠"的原则，积极与专业相关的企业联系，建立满足教学需要、布局合理、质量较高、相对稳定的校外实习基地。职业学校与企业共建双方，积极探索工学结合教育模式，实现既能满足教学需要，又能让学生实习就业一条龙。根据企业发展和用人需求的实际情况，学校可以为企业按需培养人才，让学生在企业顶岗实习，变实习为岗前适应性见习。学生在实习基地既能进行岗位技能强化训练，又能在企业中创造劳动价值。

4.2.5 制冷和空调企业参观

为了拓展学生的视野，加强学生对社会的认识，增强学生的实践能力，根据教学计划安排，结合制冷和空调的企业发展实际，必须安排学生到有关制冷和空调的企业参观考察，让学生了解企业（公司）的发展历程、管理理念以及文化建设等方面内容，并带领学生现场参观考察企业的一线生产车间。

1. 企业简介及管理制度

在企业参观时，首先要了解该企业的简介。企业简介介绍了企业成立时间、规模、经营范围、特点等。通过企业简介，能了解该企业的一些基本情况，或者初步认识该企业的重要内容。

制冷企业简介包含的内容一般有：

1）制冷企业概况。可以了解该企业的注册时间、注册资本、企业性质、技术力量、规模、员工人数和员工素质等。

2）企业的发展状况。清楚该企业的发展速度、成绩、荣誉称号等。

3）企业的主要产品、性能、特色、市场地位等。

4）销售业绩及销售网络。销售量、销售点等。

5）售后服务。

企业管理制度是企业为求得最大效益，在生产管理实践活动中制定的各种带有强制性义务，并能保障一定权利的各项规定或条例。只有了解了制冷企业的管理制度，才能充分熟悉该企业内部的行为规范，因此，在参观企业时，熟悉其管理制度是必不可少的步骤。学习企业管理知识，熟悉工程技术人员的工作职责和工程程序，获得组织和管理生产的初步知识，虚心向工人和技术人员学习，可以培养热爱专业，热爱劳动，遵守组织纪律的良好品德和工作素养。

2. 企业文化与管理艺术

企业文化是企业为解决生存和发展的问题而树立形成的，被组织成员认为有效而共享，并共同遵循的基本信念和认知。学校通过校企合作，在对口企业建立校外实习基地，既能增强岗位的适应的质量，又符合企业用人标准。管理艺术是指管理活动中的一种高超的手段和方法，它是在长期的管理实践中总结出来的，建立在一定的素养、才能、知识、经验基础上的有创造性的管理技巧。在参观制冷企业过程中，了解该企业的企业文化与管理艺术，就是了解该企业的企业形象，了解该企业的关键价值所在。企业文化和管理艺术是企业的灵魂，是推动企业发展的不竭动力。它包含着非常丰富的内容，其核心是企业的精神、价值观和管理技巧。这里的价值观不是泛指企业管理中的各种文化现象，而是企业或企业中的员工在从事商品生产与经营中所持有的价值观念。下面是国内知名制冷和空调企业的企业文化与管理艺术示例。

（1）美的公司

1）美的使命。

"为人类创造美好生活"。

"为客户创造价值，为员工创造机会，为股东创造利润，为社会创造财富"。

2）美的愿景。

"做世界的美的"。

"致力于成为国内家电行业的领导者，跻身全球家电综合实力前三强，使'美的'成为全球知名品牌"。

3）美的文化。

开放

面向未来，胸怀宽广，承认差距，博采众长；

大胆用人，诚信包容，积极学习，勇于尝试。

和谐

目标一致，胸怀坦荡，真诚沟通，合作协同；

有序竞争，互相促进，责任共担，利益共享。

务实

抓住根本，理性决策，追求实效，稳健进取；

作风踏实，不事张扬，信守承诺，勤勉工作。

创新

发展科技，创新机制，自我否定，主动变革；

永不满足，持续改进，追求卓越，不断成长。

（2）海尔公司　海尔文化的核心是创新。它是在海尔几十年发展历程中产生和逐渐形成特色的文化体系。海尔文化以观念创新为先导、以战略创新为方向、以组织创新为保障、以技术创新为手段、以市场创新为目标，伴随着海尔从无到有、从小到大、从大到强、从中国走向世界，其本身也在不断创新、发展。员工的普遍认同、主动参与是海尔文化的最大特色。这个目标把海尔的发展与海尔员工个人的价值追求完美地结合在一起，每一位海尔员工将在实现海尔世界名牌大目标的过程中，充分实现个人的价值与追求。

海尔公司把企业比作一条大河，员工都是大河的源头，只有每个员工的积极性都像源头活水一样喷涌而出，企业这条大河才能波涛滚滚。人是企业的主体，更是企业活力之源。因此，海尔集中精力提高员工的素质，尤其提高干部队伍的素质，通过干部队伍素质的提高来带动所有员工。海尔善于造就和使用人才，形成"人人是人才，赛马不相马"的氛围。海尔始终坚持"先造人才，再造名牌"的机制，而要造人就要很好地激励人，使他们有拼搏的精神和物质能量。采取激励机制时，可实行绩效工资、计件工资的方式，工资所得与工作质量、工作数量直接挂钩，有突出贡献的及时给予表扬和奖励；管理中，注重员工的充分参与和自我实现，可定期根据员工的技能及综合表现对员工进行星级评定，评定结果与员工的收入挂钩。海尔公司特别注重情感激励，尊重、关心员工。

3. 了解企业先进技术与先进设备的操作

学习企业先进技术和先进设备的操作步骤，巩固深化所学的理论知识，培养分析和解决工程实际问题的初步能力，是进行企业参观的重点所在。

我国制冷行业发展持续、平稳、快速，制冷企业已经出现了技能型人才短缺的现象，即技术人才不能满足企业发展和技术改造升级的需求。这种现象的主要原因是技能人才的教育和培养滞后于企业需求。因此，为了改变制冷专业的现状和适应行业需求，抛弃以往集中学习理论或集中学习实际操作等理论与实践脱节的传统教育，调整教育模式，主动联系制冷有关企业，将学生送到有关企业去参加实践工作，通过学生的参观和考察，努力学习企业的先进技术与先进设备的操作。

1）加强学校专业技术教师的培养是现阶段必须快速解决的重要问题。根据多年对制冷专业学校的了解，由于制冷行业发展快速，每年都会有制冷新技术的出现。现阶段各学校采用"请进来"的先进理念，第一，把行业专家请进来为教师讲课，提高教师的专业知识和理论结合实际的综合能力；第二，聘请维修企业人员加入教师队伍，增强员工专业实操能力。可是这种提高是有局限性的，除了坚持"请进来"，还必须采取"送出去"先进理念，努力坚持把每一位专业教师送到制冷企业去学习。首先，学习企业的先进管理制度；其次，学习企业的先进技术；最后，了解现在企业需要哪方面的工作人员及熟悉各岗位的工作流程。将教师送到制冷企业去参加实践工作，锻炼成为严格遵守企业规章制度，掌握制冷先进技术，熟悉企业各岗位工作流程的高素质技术人员。努力坚持完善"请进来，送出去"，必将能培养出学校需要的"台上会讲、台下能干"的复合型专业教师。

2）为了加强学生的岗位适用性，培养学生多方面学习制冷专业知识的兴趣，进行企业参观，学习企业先进技术和先进设备的操作步骤是非常重要的。到企业学习先进技术和先进设备的操作，可以激发学生对于制冷专业的热爱，加深对最新技术与设备的了解，坚定学生努力学习的决心。

4.2.6 制冷专业同行职业学校参观

作为开设制冷专业的职业学校，加强与外界的交流与合作，提升学校自身教学管理的整体水平，是非常重要的。制冷新技术与新设备在不断地发展之中，要想在同行学校中占有一席之地，并取得领先地位，则必须在关注制冷新信息时，要时刻关注同行学校的发展情况，可以组织人员对同行学校进行参观和考察，以取长补短。通过互相参观和交流，带来不一样的教学理念。在面对面的交流中，能够认识同行学校的成长历程，并从学校规模、教学理念、办学特色等方面简要而全面地了解同行学校的现状。参观考察也为今后加强两个学校专业间的合作与交流奠定了良好的基础。

1. 学校简介及管理制度

参观同行学校，首先要了解学校的概况，知道该学校的综合实力，判别其优势所在。在参观之前，要先注意该学校的简介和其管理制度，初步了解该学校的基本情况。

从学校简介中，可以先了解同行学校的学校概况、专业设置、教师队伍、教学设备和教学理念等。

学校管理是一种以组织学校教育工作为主要对象的社会活动，是学校管理者通过一定的机构和制度采用一种不定期的手段和措施，带领和引导师生员工，充分利用校内外的资源和条件，整体优化学校教育工作，有效实现学校工作目标的组织活动。而学校管理制度是综合性的，是以脑力劳动者为主要对象，以教学活动为主要内容的管理。学校都非常重视管理制度建设，因此，学习同行学校的管理制度，一方面可以分析本身的欠缺，注意同行学校的发展，借鉴其中的有益之处；另一方面可以深入研究同行学校管理制度中已经总结出的科学理论，进而指导自身学校的管理实践。

2. 教学设备

教学设备是教学所需的各种设施和教学中所用到的各种物品的统称。新技术的不断应用，为制冷的教育教学提供了众多的教学设备，并且设备也在不断地更新。

在参观同行学校时，可以对其教学设备和教学设备的管理维护及教学应用情况进行了解，尽可能了解教学仪器设备的基本情况和最新动态。通过参观，可以达到各学校相互观摩学习、交流工作经验，分享其他学校的教学设备管理成功经验，发现各自不足，明确改进方向的目的。同时对各学校进一步强化设备和教学资源管理及教学应用工作，加快学校信息化建设进程将会产生积极作用。

当今中等职业教育不断地发展，导致同行学校间的竞争也日益激烈。教学设备是学校发展战略的重要基础。通过与同行学校的交流与合作，不仅可以提高教学质量，及时发现实验室设备及实验教学滞后的问题，而且能加强学科建设，不断提高投资效益和办学水平。

3. 教学管理艺术

每个学校都有属于自己的教学管理制度，都有各自的管理特点与艺术。教学管理是科学也是艺术，而科学和艺术的融合才是管理的最高境界。一个不懂管理艺术的学校，其工作实践就不可能有魅力，即吸引力、感染力、向心力、感召力、凝聚力。因此，通过参观和考察一个同行学校，与之交流和合作，可以学到其优秀的管理艺术。而经过考察后，可以了解到：科学的管理制度是教学工作高效有序运行的良好前提，而管理者的情感、爱心和人格力量更是教学工作中具有创造性的隐性动力。

有效的教学取决于有效的管理，有效的教学管理是学校教学工作得以顺利和有效进行的前提。如果没有教学管理，或者教学管理不当，就会严重影响教学质量。教学质量的优劣将直接影响到教学任务的完成、教学目标的实现和教学质量的提高。但是，在过去的很长一段时间内，各学校教育工作者们较多关注的只是自身教学的改进，而相对忽视与同行学校互相交流教学管理经验与艺术。因此，对同行学校进行参观和考察，互相研讨如何加强学校教学管理，适时调整管理策略以适应优质教学的需要，是当前学校需面对的问题。当看到其他学校优秀的教学管理艺术时，要认真反思自己的各项教学管理制度，对那些经实践检验证明有缺陷的教学管理制度，必须予以改进和完善。

4. 教学示范、观摩与评价

为了交流和探索课堂教学的有效组织形式和经验，进一步深化课程改革，实施有效课堂教学，不断提高广大教师实施教学的能力和水平，促进教师在理论与实践两个层面的发展，举行一定的示范教学观摩课活动，既是教师课堂教学水平、风采的一次展示，也是学习和借鉴优秀教师课堂教学方法和艺术的一次良机。通过活动的开展，将达到进一步提升教师教学能力和人才培养质量的目的，使大家共享优秀教学经验，共探课堂教学艺术。

课堂教学示范活动主要由教师上示范课，同行教师或专家进行评价。而教学评价的意义有以下几方面：

1) 促进教师更好、更快地发展。通过评价，了解其实施课堂教学的整体水平，发现对教学过程的理解、认识及操作各环节、步骤中的成功之处和存在的问题，通过评价人与授课人的交流，去发扬长处，解决与修正不足，从而使双方加深对课堂教学的理解和认识，达到优势互补、共同提高的目的。

2) 有针对性地实施教学，提高课堂教学的有效性。通过课堂教学评价，可以使评价人与授课人更加了解学生的整体表现和基础状况，如科学思维、基本技能、学习态度、知识基础等。这样，评价人与授课人就可以针对学生实际，深入探讨研究，找到与之相对应的、适合学生实际的教学模式，从而提高课堂教学中有效活动的比例。

3) 有利于课堂教学改革成果的完善与发展。通过教学实践，可以对一种新的教学模式或教学方法、实验改进等方面进行检验与完善。通过课堂教学评价，可以使评价人与授课人从不同的角度发现其中的优点与不足，对不合理部分及时地进行分析、研讨，寻找解决的策略，从而使该教学改革实验在不断地被检验的过程中得到修正、发展和完善，在今后的教学中更好地发挥它的功能。

4.2.7　制冷专业教学设备工厂参观

到制冷专业教学设备工厂参观时，可以通过参观教学设备生产车间，观看产品展厅等了解最新的教学设备情况和最新的教学产品。而教师也可以把教学思想通过向厂房传达转变成教学产品。

1. 制冷专业教学设备的购置与建设

教学设备购置是学校为满足实验实践教学需要、不断改善教学条件购置的教学设备。随着我国教育事业的发展，学校对教学设备的投入资金迅猛增加，已成为学校的一个投资重点。学校教学设备购置一般分三个环节，即论证、招标采购、验收。各校对招标采购等环节十分重视，有专门的规章制度、组织机构、规范的招标程序和健全的监督机构。但现实中教学设备购置却出现了很多问题，如重复购置、使用率低、一些不符合合同和技术要求的设备也通过验收等。因此，对于制冷专业教学设备的购置和建设必须慎重。

(1) 健全购置的组织机构，严格购置程序　建立由分管院领导、纪委、财务处、教务处、科研处等有关人员组成购置工作的领导小组，负责检查、监督购置和建设工作。购置和建设需要一个严格规范的程序。

（2）对仪器设备外观、性能、运行状况严格检查 仪器设备到货后，要及时组织验收。有关人员首先检查仪器设备的包装和外观情况，看是否有损坏现象。安装调试过程中，组织有关专家、技术人员对仪器设备的功能配置和技术性能、运行状况、实验结果等进行严格检查，每一个指标、每一项性能逐一验收。对达不到要求的要做好记录，保留证据，上报招标采购部门协调进行更换，直到达标为止，否则不予验收。

2. 筹建制冷专业实验室

制冷专业实验室主要承担制冷技术（包括空调器、电冰箱等）的专业课程的教学和毕业设计、实验实训的指导任务。

作为专业的制冷实验室，要注重开展教学研究，探讨教改，积极探索适合中职教育的教学模式和方法，对制冷专业的中央空调、汽车空调、冷库等多门课程的教学内容分别进行科学整合，优化课程结构，注重专业理论知识和实践操作技能有机融合，突出各自的专业特点，增加了学生的学习兴趣，提高教学质量。

4.2.8 制冷和空调企业实践

为了落实《国务院关于大力发展职业教育的决定》提出的工作任务，加快建设一支适应职业教育、以就业为导向、强化技能性和实践性教学要求的教师队伍，促进职业教育改革与发展，现提出中等职业学校教师到企业实践的要求。

1. 充分认识建立中等职业学校教师到企业实践制度的重要性

组织教师到企业实践是中等职业学校教师在职培训的重要形式，是提高教师专业技能水平和实践教学能力的有效途径，也是职业学校密切与企业联系、加强校企合作的具体体现。近年来，一些地方和学校结合自身实际，积极探索教师到企业实践的有效形式，取得了一定的经验和成效。但从全国范围来看，这项工作目前仍处在起步阶段，亟待进一步加强和完善。

2. 中等职业学校教师到企业实践的要求与主要内容

中等职业学校专业课教师、实习指导教师每两年必须安排时间到企业或生产服务一线实践。教师到企业实践，一是了解企业的生产组织方式、工艺流程、产业发展趋势等基本情况；二是熟悉企业相关岗位（工种）职责、操作规范、用人标准及管理制度等具体内容；三是学习所教专业在生产实践中应用的新知识、新技能、新工艺、新方法；四是结合企业的生产实际和用人标准，不断完善教学方案，改进教学方法，积极开发校本教材，切实加强职业学校实践教学环节，提高技能型人才培养质量。职业学校文化课教师和相关管理人员也应定期到企业进行考察、开展调研，了解企业的生产情况及其对中等职业教育的需求，不断改进职业学校的教学和管理工作。

3. 中等职业学校教师到企业实践的主要形式与组织管理

教师到企业实践，可根据培训需求和客观条件，采取到企业生产现场考察观摩、接受企业组织的技能培训、在企业的生产或培训岗位上操作演练、参与企业的产品开发和技术改造等灵活多样的形式进行。各地要积极创造条件，使教师更多参与到企业的生产和管理过程中去，切实提高教师到企业实践的实际效果。要鼓励教师带着问题或项目下到企业，围绕解决实际问题和开展项目研究的需要，确定到企业实践的重点内容，提高实践活动的针对性和实效性。要把组织教师到企业实践和学生到企业实习有机结合起来，学校选派相关专业教师与学生一起下到企业，要求教师在做好学生实习管理和指导的同时，有计划、有目的地开展企业实践活动。

4. 相关实践内容

（1）生产工艺流程　到企业参观其生产车间，对其生产工艺流程有一个大体的认识，感受企业先进的生产装备和员工，在过程中与企业工作人员互动交流，可以学习所教专业在生产实践中应用的新知识、新技能，对提升教师专业技能水平，锻炼教师实践能力，加强"双师型"教师的培养具有重大意义。同时，实践活动加深了学校教师与行业一线技术人员的沟通，对推动校企合作起到积极的作用。

（2）先进设备的操作与使用　企业中拥有大量的先进设备，因此，到企业进行实践活动，最重要的就是学会先进设备的操作和使用。

企业中专家们的经验相当丰富，不但能给实践人员讲解一些结构部件、工作原理和工作中常遇见的问题及解决办法，还能够在现场指导实践操作，使教师了解相关设备及技术资料，熟悉典型工艺，掌握一些基本的生产制作技能和先进设备的操作和使用。

（3）检测和处理生产设备故障　企业拥有大量重要生产设备，这些设备的状态好坏直接影响到企业能否正常安全生产。如何对这些生产设备进行有效的状态检测与故障诊断，每个企业都积累了丰富的经验。企业都希望能延长生产设备使用寿命，减少故障出现的频率，保持设备正常的生产率。为了达到这一目的，企业在现场生产过程中都要按时检测生产设备和处理生产设备故障。因此，在实践过程中，必须学会生产设备的检测和故障的处理方法。

1）目前在许多企业中采用了"专业运行、专业诊断、专业维修"的设备维修管理模式。对于被监测设备，通过运行人员反馈或专业监测人员的周期性巡检，如果发现该设备有故障，并判断出故障的类型、部位和程度，运行方面就可以参考监测中心的诊断意见并结合实际生产情况，合理安排停机维修计划。而专业维修机构（或公司）由于可以参考监测中心出具的"诊断报告"从而大大减少盲目维修带来的巨大浪费。这样，企业的设备维修由原来的被动事后维修和计划预防维修，转变成现在的状态预知维修。

2）根据企业的设备情况，确定诊断内容和相应的测试手段，然后选配与之相应的测试仪器。例如，测振、测温、测厚、测转速等，各企业、车间要根据自己的具体情况有针对性地选择测试仪器。在选择同一类测试仪器时最好选同一厂家生产的仪器，这样便于分析、比对和交流。

3）广泛收集信息，借鉴其他企业的经验，尽量减少或避免失误。

4）向有经验的检测、诊断人员咨询，特别应多倾听有实践经验人员的意见，这样可以减少盲目性。

第5章　中等职业学校教师的成长

　　教师的成长并非一蹴而就的，而是需要一个经验积累以及内化的过程。教师的成长涉及教师职业的特征与专业化，教师必须具备的素质、教师的心理等诸多内容。目前不少研究成果为教师的成长提供了借鉴，为现有教师的培训和进修提供了理论基础，为促进教师素质的提高和缩短新手型教师成长的周期提供一定的科学依据。

　　教育改革的成败在很大程度上取决于教师，这是不争的事实。欲培养学生的创新意识和创新能力，教师首先要具备现代教育的科学理念，具备改革、创新意识和创新勇气。

　　本章主要围绕教师的成长历程、中等职业学校教师（简称中职教师）的教学、科研和终身学习四个教师非常关注的问题进行初步探讨，旨在为中职教师的成长提供帮助。

5.1　教师的成长历程

　　不想当教学名师、教学艺术大师的教师不是好老师。师范生的理想是当一名教师，当了教师就要为自己的事业规划宏伟蓝图，这其中包括当一名非常优秀的教师。就算师范毕业生是一名合格的教师，而合格教师离优秀教师的差距还很大。每个教师不能只满足于当一名合格的教师。

　　教学是一门科学，也是一门艺术，教学是科学性与艺术性的统一。无科学的教学缺少根基，无艺术的教学缺少活力。教学中的科学性和艺术性是相互渗透、水乳交融、相辅相成、缺一不可的。古今中外许多著名的教育家、思想家对教学艺术都极为重视，认为教学离不开艺术，只有讲究教学艺术的教学才具有生命力，才能提高教学效率，取得最终的教学效果，促进教学质量的提高，达到教学美的境界。正如我国近代学者俞子夷先生1924年发表的《教学法的科学观与艺术观》一文中指出："我们教学生，若没有科学的根据，好比盲人骑瞎马，实在危险。但是只知道科学的根据而没有艺术的手腕处理一切，却又不能对付千态万状、千变万化的学生。所以，教学法一方面要用科学做基础，一方面又不能不用艺术做方式"。所谓教学艺术是指教师遵循教学规律和美的规律，为有效提高教学效果而采用的创造性的教学方式与方法。

　　教学风格是教学艺术的个性化，是教师的教学艺术与教师的个性特征有机结合并达到稳定状态的结果。教学风格贯穿于教学的全过程，与教学艺术是密切联系的；教学风格和教学艺术有着共同的本质特点，既符合教学规律，又利于教学质量的提高和教学目的的实现，离开这点，空谈教学风格是没有意义的；教学风格和教学艺术有共同的形成基础和条件，都是教师的品德修养、知识结构、思维方式、审美修养等的综合表现，而教学风格更着重教师的个性修养；没有教师个人对教学艺术的执着追求，就无法形成风格，而教书无风格，育人没特色，教学艺术也难以达到炉火纯青的地步。

5.1.1　教学风格形成的必要性分析

　　教学风格的形成，标志着教师教学艺术的成熟，是一切有志于教育事业的教师所孜孜以求的。教学风格的形成不仅是教师的需要，也是学生的需要，时代的需要。

1. 教师教学的特点是影响学生学习效果的一个重要因素

教学工作主要是依靠教师个体独立完成的。教师经过较长时间的教学实践，其中不少在教学方式、策略的采取上表现出了一定的倾向性，形成独特的教学风格。虽然独特的风格并非为每位教师所具有，但在经历一段时间的教学实践后，可以说绝大部分教师在教学的许多方面有了自己比较鲜明的、一贯的特点，例如，在教学内容的处理上，有人喜欢归纳总结，有人则独钟演绎分析；有人善于变零为整、总体把握，有人则擅长化整为零、重点讲授。又如，在教学方法的运用上，有的教师偏爱讲授法、谈话法，着力将学生应掌握的内容教授清楚、交代明白；而有的教师则善于专题讨论法，注重学生的积极思考和相互交流；还有的教师喜欢组织各式各样的活动，通过活动进行教学。再如，在语言表述上，有的教师语言优美动听、生动形象，富于鼓动性和感染力；有的教师的语言则层次分明、逻辑严密、论证有力，富于雄辩力和说服力；有的教师语言庄重典雅；有的教师语言则幽默诙谐。所谓"教学有法，但无定法"，"无定法"的表现也就在这里。绝大部分有一段教学经历的教师有自己教的风格和特点是一种必然，这是教师个体不同的思想追求、知识结构、思维特点、个性倾向、能力品质、教学观念、职业经历等决定的。对教师而言，学生有个体差异，对学生而言，教师以及教师的教也客观存在着个体差异。

2. 教师有风格的教学是学生个性得以发展的保障

教学需要像艺术那样展示其学科的智慧和韵味，只有这样学生的主体性、能动性、独立性才能不断地发展和提升，才能改变学习方式的单一、枯燥。以被动听讲和练习为主的教学方式，不利于激励学生探索和寻求知识，学生体验不到获取知识后的成功快乐，就不可能乐学、好学。因而，作为教师要根据自己的特点，创建富有个性特色的教学风格，用自己的智慧启迪学生的智慧，用自己的激情激发学生的激情，用自己富有艺术韵味的教学唤起学生的创新意识，这将是学生个性得以发展的必然要求，教师教学风格的形成规律。

在教学实践中，许多教师都在执着地追求具有自己个性特色的教学，希望能向优秀教师那样有自己的教学风格。但有的教师苦苦追求一辈子也没有形成自己的个性特色，在教学发展中停滞不前，达不到艺术化教学的境界。其原因之一就是缺乏对教学风格形成过程中的了解，没有掌握教学风格形成的规律，对教学风格形成过程中应注意和把关的关键点没有处理好。所以，对教学风格形成过程与阶段的理论探讨，有助于揭示教学风格形成的奥秘，从而使教师自觉地走上形成个人教学风格的道路。

5.1.2　教师教学风格的形成过程

任何一名教师要形成自己的教学风格并非一朝一夕就能实现，而要经过一个漫长的教学过程。这个过程是有志于形成自己教学风格的教师由模仿到创造，由合乎规范到显示特色，由必然王国到自由王国的发展过程。在这个发展过程中，教师的内隐和外显行为可分为五个层次四个阶段。

1. 教学风格形成过程中的层次

一个教师从踏上讲台的第一步起就在谱写他的成长，教学风格的形成离不开点点滴滴的积累，后来的进步总是有前面的铺垫，教学必须经历五个层次才能达到脱胎换骨，达到至高境界，形成风格。

第一层次：教学技术。它是指运用教学理论，以可以复制的方式进行教学操作的程序。

任何教学都是在操作教学技术的基础上进行的，没有教学技术就什么也教不了。因此，它是形成教学风格的最低层次。

第二层次：教学技能。它是指教师运用教学技术进行教学的能力，是对教学技术掌握运用的一个水平状态。如果说教学技术是使教师知道怎么教，那么教学技能则是指会教。显然它比教学技术高了一个层次。

第三层次：教学技巧。它是教学技能达到一定的熟练程度的标志。通常所说的熟能生巧，就是指教学技能达到一定的熟练程度时，自动化了的动作方式间的巧妙配合。也就是说，教师不但会教，而且能巧教。所谓巧教就含有省时高效的成分了。

第四层次：教学技艺。它是指在巧教的基础上，教师个体有意识地不断积累，自觉探索，修正完善，有所创新，已能使教学产生一种美感。所以，教学技艺又可以称为"前教学技术"。

第五层次：教学艺术。它是教学技术发展的最高层次，是教学技术达到科学水平状态的理想境界。教学艺术也就是艺术化教学，它在教学活动中最充分地表现为通过教师灵活妙用高超娴熟的教学技艺和学生"和谐共创"，省时高效、高激励，具有审美功能的教学境界。它能使学生产生激情和追求，使学习成为一种美的享受。掌握教学艺术的教师，最明显的特征是形成了自己独特的教学风格。

以上五个层次，是教学风格形成过程中表现出的五种形态。在这五种形态中，教学技术处于最低层次，它是获得教学技能的基础；教学技能是在此基础上的操作运用，也就是说知道怎么教是教学技术，会教才是教学技能，而会教则是在知道怎么教的基础上进行的。教学技巧则是在会教的基础上，经过不断地练习、操作，达到一定的熟练程度。教学技艺则是在达到一定的熟练程度的基础上有所创新。教学艺术则是在有所创新的基础上形成了独特的稳定的具有审美价值的风格。由技术到艺术这五个层次依次递进、逐渐提高，教师个体掌握的难度逐渐增加，对教师的素质要求也越来越高，达到新的高峰所需的时间也就越来越长，这是教学风格形成的一个基本规律。

2. 教学风格的形成阶段

教师从开始教学，到逐渐成熟，最后形成独特的教学风格，是一个艰苦而长期的教学艺术实践过程。在总结前人研究成果的基础上，通过书面的问卷调查和面对面的言语交谈，将教学风格的形成过程归纳为四个阶段，即模仿性教学阶段（适应期）、独立性教学阶段（胜任期）、创造性教学阶段（成熟期）和风格化教学阶段（个性化时期）。这层层递进、环环相扣的四个阶段，正是体现了一个优秀教师的成长历程。

（1）模仿性教学阶段 模仿性教学阶段是从学习教学技术开始到教学技能的获得，它是教师进行教学艺术活动的最初萌芽阶段，也是教师教学艺术实践活动的起点。这个阶段的特点是模仿。如果是师范院校，这一阶段相当于学生在校期间的教育实习阶段。新教师开始从事教学工作时，由于缺乏教学经验和独立教学工作的能力，总是模仿别人的教学方式方法、教学语言和教学风度，经常搬用别人成功的教学经验，甚至举例、手势、语调等也打上别人教学影响的烙印，其目的是尽快获得教学技能。

模仿是教学的起点，起点一定要高才有发展前途。最好的教法是教师认真回顾一下自身从小学到大学过程中接触的最受学生欢迎的教师有几位，并把他们最受学生爱戴和好评的方面一一写出来，再把他们的优势与自己的个性有机地、尽可能地集于一身，其实就是善于

"找优点"。假若一个人有一条优点，那么十个人加在一起就有十条优点，经过交流、互相学习，就能达到每个人都学会十条优点。这样的教学模仿不但有意义，而且很可能影响终身。只要自己有责任心，积累一段教学经验之后，是一定能够教好的。

　　模仿性教学既有积极意义的模仿，又有消极意义的模仿。积极意义的模仿，着眼于对他人教学艺术经验的吸取，并使之成为发展自己教学艺术、形成个人教学风格的多方面营养。通过必要的模仿，一位初登讲台的教师能够在短时间内掌握课堂教学常规，熟悉教学模式和方法，从而适应教学的基本需要。而消极意义的模仿，只是简单地照搬照抄，满足于转借和移植，易出现公式化、形式化的倾向，从而使教师的教学个性受到淹没或销蚀，甚至出现自我迷失的境况。所以，在教学之初的模仿必须是积极的，才有可能过渡到教学的下一阶段。正如一个师傅常对自己的徒弟说："学我者昌，像我者亡"。

　　总的来看，这一阶段是后一阶段的基础，对教师教学能力的发展起着重要的作用，基础扎实与否，直接关系着能否向下一阶段顺利过渡。

　　（2）独立性教学阶段　独立性教学阶段是从教学技能到教学技巧的过程。随着教学经验的积累和教师独立意识与自立能力的发展，教师的教学逐步由模仿性教学阶段进入到独立性教学阶段。大多数教师在从教几年后，都可进入独立性教学阶段。

　　在独立性教学阶段，教师将逐步摆脱他人教学模式对自己独立的影响和束缚，自己在教学中的主观能动性开始占据主导地位。此阶段的教师将不再照搬套用别人的教学行为方式和方法，已把别人成功的经验、规范的行为方式通过吸收消化，变成自己的东西，能够独立进行教学操作。心理上希望能像优秀教师那样形成自己的教学特色，外显行为上已经把自动化了的动作方式巧妙的结合，显现出娴熟性。教师进入独立性教学阶段后，就自觉不自觉地建立了自己的教学形象，这是一名教师全面素质的展现，也是教学风格形成和发展的基础。只是由普通的教学形象到独特的教学风格之间，尚需教师做不懈的努力，完成自我的超越。所以，对于教师来讲，必须始终保持清晰的自我意识，来监控自我形象的塑造。

　　独立性教学阶段，是教师走向创造性教学的必经阶段，只有在这个阶段奠定下良好的基础，创造性的教学才不会悬置在虚空之中。有追求的教师们毕竟不会永远满足于常规性独立教学，而会产生"寻找自己与众不同"的教学追求。如果说教师只有摆脱对他人教学的模仿、完成对模仿本身的超越，才能进入独立性教学阶段的话，那么教师只有不满足于常规性独立教学，完成对自我的超越，才能进入创造性教学阶段。

　　（3）创造性教学阶段　创造性教学阶段是教学技巧到教学技艺的过程。教师在能够巧教的基础上不断积累，自觉探索，修正完善，有所创新，使教学初步具有一定的艺术水平，并蕴含着形成自己的教学风格的萌芽。在创造性教学阶段，教师的教学个性已经明显地体现出与众不同的特色，有了更多属于自己的独特之处，当然能否顺利地向风格化教学阶段过渡，则是因人而异的。有的教师在此阶段停留的时间不长就能进入风格化教学阶段；有的教师则停留在创造性教学这段高原期上，需很长时间才能过渡到风格化教学阶段；有的教师从师任教一辈子仍教技平平，一直停留在该阶段毫无进取。为此，设法克服高原效应，增强主动进取意识，不断刺激灵感思维，是转入风格化教学阶段的前提。

　　歌德说："独创性的一个最好的标志就在于选择题材之后，能把它加以充分发挥，从而使大家承认压根儿想不到会在这个题材里发现那么多东西。"这一阶段教师会更多地体验到创造的幸福和快乐，但是苦闷、痛苦也会常常成为光顾这一阶段的不速之客。此阶段的教师应成为教学艺术的自觉追求者，不断地突破别人，也不断地超越自己。在外显行为上，则表现出能灵活妙用的娴熟的技巧，创造出具有美感的教学情景。但这种情景有时处于时隐时现的不稳定状态，还需要继续发展、净化，使其在教学的各个环节上稳定下来，形成自己的教学特色。

上海特级教师庄起黎，就是一位在教学艺术领域里不断开拓、不断创新的老师。他的座右铭就很有独创性——肩膀上长着自己的脑袋。也就是说，脑袋是自己的，要有自己的思考、想法，不能人云亦云。庄老师的课崇尚学生的思维能力的培养，他指出："现在最难的是创新精神，很难在一门学科中就培养出来。创新思维是一种形象思维、发散思维、联想思维，这是人们所缺的。因为有些教师一直对音乐、美术等课不大重视，对没有正确答案的东西不大重视，所有学科都围绕着逻辑思维、记忆思维，连启蒙的东西也变成死板的、有确定答案的了。"所以，他始终让学生在教师引导下自主探究，并总结"思维引导"的教学方法。正因为庄老师"肩膀上长着自己的脑袋"，所以他能拾级而上，步步见效，随着教学经验的日益丰富，他的教学风格也日趋鲜明、完善，终于形成了他自己独特的教学风格。实际上，缺乏独立人格，唯书唯上，不敢独立思考，不敢直抒己见的教师是绝不可能创造出任何特色的。

这一阶段的教师已经具备了较强的教研和教学能力，能从自己的个性特征出发，有意识、有目的地进行教学技艺的创新，显现出教学技艺独创性特色，使教学技艺进入个性化阶段。从发展趋势看，只要能进入这一阶段，向下一阶段过渡是指日可待的事情。当教师教学技艺的独创性在教学过程中呈现出来稳定状态的表现时，他的教学活动将进入到一个更高的层次。

（4）风格化教学阶段　风格化教学阶段是从教学技艺到教学艺术的形成。教学艺术是教师对教学技艺的刻意追求的一种最高境界。教学风格的形成，是教师在教学艺术上成熟的标志。看一个教师是否成熟，最重要的一点就是看他是否形成自己独特的教学风格，即在创造性阶段的基础上，使教学处处闪烁着创造的火花，教学中刻意追求的痕迹越来越少，内化了的个性特点表现为由不随意性转化为随意性，真正到了言为心声、收发自如的境地。至此，就可以说他已经形成了教学风格。而且，这种教学风格的特色得到了学生们的欣赏和赞同，并具有了社会影响力。那些教学界的名师们，正是因为有自己独特的教学风格，才能赢得学生和社会的一致认可。当然达到教学艺术这一境界的教师是不多的，但它是每一个教师终生追求的目标。

当教师的教学艺术发展成为优秀教师的一种风格时，无论是教学内容的处理，教学方式、手法与手段的运用，教学过程中表现与表达，都有着自己的较为稳定与独具特色的形式。其主要特征：教师的教学活动与学生学习的内在规律的相吻合；教学内容与教学形式的结合日趋完美，教学成为真正塑造人们灵魂的艺术；风格中那种属于个人的独有的东西已开始内化，表现为教学艺术风格由不随意性转化为随意性，达到"随心所欲不逾矩"的境界；教师的教学过程能针对不同水平的学生和教学环境，进入充分自由发挥的状态；教学方法上具有多样性和灵活性；教学语言上具有独特的表达方式，呈现出不拘一格、生动活泼的局面，充分体现了他们的教学智慧；教师对教学艺术效果进入自觉追求阶段，不断突破他人，也超越自己，使教学充满生命的活力，成为真正的艺术。这些特点是优秀教师教学思想、教学技艺、教学个性发展成熟的重要标志，表明教师已成为带有风格桂冠的教学艺术家。

由上述关于教学风格形成阶段的讨论，不难发现教学风格的形成也有一定的特点：首先是教学风格的形成具有顺序性，每个阶段的顺序不能颠倒，而且从一个阶段向另一个阶段发展都需要一定的主客观条件；其次是长期性，教学风格的形成并非一朝一夕就能实现，而是一个漫长的过程，每一层次都需要经过一定的量的积累，才能引起质变；最后以形成自己独特的教学风格标志出教学技术由低级向高级发展的过程，也是一个共性向个性发展的过程。

3. 教学艺术形成的动力源泉

教学艺术形成的需要与兴趣是教学艺术形成的动力源泉，教师要形成教学艺术首先要培养自己在这方面的兴趣。

（1）教学艺术的形成需要的培养　需要表现为个体对事物的欲望与追求。美国心理学家马斯洛认为，人的需要具有一定的层次性，最低的层次是生理的需要，既而依次为安全的需要、归属和爱的需要、尊重的需要、美的需要，最高一层为自我实现的需要。

教学艺术形成需要属于精神的需要、社会的需要。教学艺术形成旨在服务于教学、服务于学生的发展，因而它是一种社会需要。当然，它首先是一种教师的个人需要，教师为了实现自我发展产生的这种需要。教学艺术的形成是由人的情谊系统所引起的，它的直接目的并非获得某种物质的回报，从这个意义说，它是一种精神需要。

自我实现的需要是人的需要当中最高层。培养自我实现的需要，对教学艺术的形成有着十分重要的意义。教学艺术是教学的较高境界，没有自我实现需要的教师往往很难产生教学艺术形成的动机，他们很可能满足于用最一般的教学方法给学生传授知识。努力形成教学艺术是提升自己的重要途径，也是满足实现自我需要的重要策略。

（2）教学艺术兴趣的培养　教学艺术兴趣指教师对教学艺术所表现出的认识、探究倾向性，是人们追求教学艺术、形成教学艺术的驱动力，也是教学艺术需要的一种体现。教师对教学艺术越有兴趣，就越愿意去掌握教学艺术。

兴趣有直接兴趣和间接兴趣之分。直接兴趣是由某种事物或活动本身所引起的兴趣。教师对教学艺术本身所产生的兴趣便属于直接兴趣。由对活动或事物的目的、重要性、结果的认识所产生的兴趣就是间接兴趣。因此，师范院校或师职培训基地应当做到以下两点：

1）必须让教师了解教学艺术，即需要对教师进行引导。由有经验的教师对他们讲述教学艺术的重要性，并使他们认识到教学艺术在教学中的功能、作用、价值，便对教学艺术产生了兴趣，这就是教学艺术的间接兴趣。

2）让教师开始注意并重视教学艺术，这是很重要的。对教师自己而言，需要增强他们学习、掌握教学艺术的自觉性。当通过引导教师开始注意教学艺术时，就需要让教师自己培养自己对教学艺术的倾向性。在现实生活中有许多事引诱着人们去注意、关注，在这种情况下，教师的兴趣究竟应该朝向什么？这就要让教师明白什么东西真正能提高他们的专业化水平。教学艺术作为教学的较高水平表现，它能集中地体现教师的专业素养，所以它应当是教师关注的对象。一旦教师的注意集中到教学艺术上面，他们的这种间接兴趣便可产生学业与运用教学艺术的行为，随着这种行为的产生，教师对教学艺术的直接兴趣就产生了。

5.2　中职教师的教学

为什么同样的一节课，相同的科目，不同的教师所取得的课堂效率却不一样？答案很简单，就是有的教师能在有限的课堂时间内用精湛的教学艺术授课，使学生在课堂上进入最佳的学习状态。最佳的学习状态的集中表现是：学生在学习的过程中能积极、主动地自主思维，始终处在探讨、研究问题的过程之中。

那么如何使学生在课堂上进入最佳的学习状态呢？这将是本节讨论的焦点。本节将从中职教师的教学行为、教（学）案的编写、中职教师的上课和中职教师的说课四个方面加以说明，为中职教师的教学提供参考。

5.2.1 中职教师的教学行为

我国中等职业教育新一轮课程改革正以令人瞩目的迅猛之势在全国顺利推进，这次改革的步伐之大、理念之新、难度之大，都是前几次改革所无法比拟的。课程改革，给中职教师带来了巨大的挑战和机遇。教师本身的素质能否跟得上课程改革的步伐，从根本上决定了课程改革的成败。教师在面临新一轮改革时，除了要认真解读、领悟新课程体系中蕴含的思想，树立正确的教育观念、接受各种培训外，还应根据新课程的要求，改变自身的教学行为。

1. 从注重知识传授转向注重学生的全面发展

回顾我国教学改革之路，大体沿着"知识本位—智力本位—人本位"的发展轨迹。当代教学应致力于学生整体素质的提高，其最大的特点不是"教教材"，而是"用教材教"，即通过知识、技能的传授，最大限度地发挥课程潜能，实现育人的功效。

传统教学中注重的是知识的传授。而以行为导向教学法为代表的新一轮课程改革要求以人为本，它关注学生的创新和实践能力、收集处理信息的能力、获取新知识的能力、分析解决问题的能力，以及交流协作的能力，发展学生对自然和社会的责任感；另外还要求学生拥有健康的身心、优良的品质、终身学习的愿望与能力及科学的人文素养，养成健康的审美情趣和生活方式，从而实现全体学生的发展以及学生个体的全面发展。

2. 从"以教师教为中心"转向"以学生学为中心"

叶圣陶说过："最要紧的是看学生，而不是看老师讲课。"传统教学中教师是课堂的中心，教师牵着学生走，学生围绕教师转，长此以往，学生习惯于被动地学习，学习的主动性也渐渐丧失。行为导向教学改变了以往学生被动接受知识的学习方式，创造条件让学生能积极主动地探究和尝试。在行为导向教学中从信息的收集、计划的制定、方案的选择、目标的实施、信息的反馈得到成果的评价，学生参与整个过程的每个环节，成为活动中的主人。这样学生既了解总体，又清楚具体环节的细节。显然，要从学生如何学这个基点上来看教师怎样教，教师的一切工作都应"以学生为中心""一切为了学生、为了一切学生、为了学生的一切"。

3. 从教师权威的教授转向师生平等的交往与对话

大多数教师对教育的理解还存在着偏差，认为教育是"有组织地和持续不断地对学生传授知识的工作"，其实现代的教育理念认为教育是"导致学习的有组织的和持续的交流活动"。后者更注重的是师生间的互动，交流意味着对话，意味着参与，意味着相互建构。如果总是站在教师"教"的角度去讲授课程，虽然也在思考如何调动学生学习积极性，并采取了一定的方法，但效果不是很明显，只有换位思考，才会收到更好的效果。

"行为导向"教学法区别于传统的传道、授业、解惑式的知识教育，其核心的意图就是提出个体行为能力的培养，注重学生个性的发挥。引导学生在学习中自主承担责任、自主决断、自主选择和向实践学习，激发学生学习动力和培养学习能力。

4. 从统一规格的教学模式转向个性化教学模式

让学生全面发展，并不是让每个学生的每个方面都要按统一规格平均发展。备课用一种模式，上课用一种方法，考试用一把尺子，评价用一种标准，这是现行教育中存在的一个突出问题，这种"加工厂"式的学生生产模式不符合学生实际，压抑了学生个性和创造力的培养，导致了现行课堂教学中的许多问题和矛盾。正如世界上找不到完全相同的一对树叶一样，既找不到完全相同的两个学生，也不存在万能的教学方法。这就需要教师去关注、研究学生的差异，以便实现个性化教学。

5. 从注重教学结果转向注重教学过程

"重结果、轻过程"这是传统教学中的弊端。教师在传统教学中，只重视知识的结论，忽略知识的来龙去脉，有意无意压缩了学生对新知识学习的思维过程，而让学生去重点背诵"标准答案"。只注重结果的做法导致学生一知半解、似懂非懂，造成思维断层，降低了教学质量。重过程就是教师在教学中把重点放在揭示知识形成过程上，暴露知识的思维过程，让学生通过"感知—概括—应用"的思维过程去发现真理、掌握规律，使学生在教学过程中思维得到训练，从而自己完成知识的两次飞跃，使学生获得基本技能的过程成为学会学习和形成正确价值观的过程。行为导向教学法就是一种充分体现重视学习过程的方法。

6. 从评价模式的单一化转向评价模式的多元化

传统教学以学生的学业成绩作为评价的唯一尺度，且具有甄别和选拔的"精英主义"功能倾向，这极大地压抑了很多学生的个性和创造潜能，使学生成为应试教育下潜在的牺牲品。

由于教育目的与教育理念的不同，人们对教育评价的理解和运用也应该不同。行为导向教学通过以工作任务为依托的项目教学等方式，使学生置身于真实的或模拟的工作世界中，它所追求的不是学习成果的唯一正确性，即不是"对"与"错"，而是"好"与"更好"。因此，在行为导向教学中，学习的成果是多元化的。

多元化主要是表现为评价方式、标准和主体的多元性。在评价方式上，行为导向教学不仅用传统的笔试、口试的方式考核学生掌握知识的程度，而且更强调运用完成项目的方式，考核学生综合运用知识与技能、解决实际问题的能力。在评价标准上，灵活运用绝对评价，主要评价学生是否达到行为导向教学的目标要求，关注学生在行为导向教学中的进步程度，这样有利于学生的职业能力、实践能力和创新能力的培养。在评价主体上，鼓励学生主动、客观地评价自己的学习成果，鼓励学生之间的相互评价，促进对自身学习成果的反思。教师对学生的评价更注重对学生学习的指导。

教学有法，教无定法。提出行为导向教学法的目的并不是否定传统的教学方法，而是与传统教学方法形成互补。传统教学方法是以知识和技能的掌握为教学目标，所以主要建树表现在培养学习者的专业技能上。行为导向教学法以能力培养为本位的教学思想，在教学活动中"教"与"学"的平等地位，有利于培养学生的创造性思维意识训练、职业关键能力培养，这也弥补了传统教学法的不足。一个好教师应该根据教学目标中所确定的学习结果的类型以及某类学习当时所处的学习阶段，合理地选择最恰当的教学方法，以正确的教学行为教育学生，影响学生。

5.2.2 教（学）案的编写

一堂 45min 的中职教学怎样进行？仅有单元教学计划是远远不够的，必须对 45min 进行精心设计（对新教师更是如此），这就涉及更具体的课时计划——教（学）案。教（学）案的形式不拘一格，内容详略也不统一，有经验的教师可以写简案，新教师要写详案。

1. 教（学）案的基本内容

教（学）案是教师备课的总结、上课的依据、检查备课质量和教学效果的参考。认真编写教（学）案是积累资料，提高业务水平和教学能力，进而提高教学质量的重要手段。教（学）案的形式多种多样，一般应包括以下几个方面：

1）确定教学目标。教学目标一般应包括知识与技能、过程与方法、情感态度与价值观三个方面。教学目标要定得具体、明确、便于执行和检查。教学过程是一个完整的系统，制定教学目标要以行为导向教学法的要求、教材内容、学生素质、教学手段等实际情况为出发点，考虑其可能性。

2）选择教学方法。教材的组织是多种多样的，同一教材可以有不同的组织结构。但无论是哪一种结构都必须围绕中心内容，根据教材的内在联系贯穿重点，确定教学的层次和步骤。同时，在选择教法上，还必须充分考虑如何发挥学生学习的主动性，激发学生学习的积极性，启动学生的积极思维。

3）设计教学环节。如讲解、提问、实验、讨论、例题、课堂练习、作业内容及上交作业的时间等，既要写教师教的活动也要写学生学的活动。写出所有环节及每个环节要完成的教学任务和所需时间等。

4）分清重点、难点。在了解学生和钻研教材的基础上，明确本节课的内容在学生认知结构和教材中的地位非常重要，简单说来，重点知识是指关键性知识、对学生的能力发展有较大影响的知识和后续学习必备的知识。难点知识是相对的，不同水平的学生有不同的难点，通常情况由以下因素构成教学的难点：①学生容易误解和不容易理解的内容；②抽象性知识；③思维定势带来的负迁移；④现象复杂、文字概括性强的概念、定律或定理；⑤根据教学大纲要求，不能或不必做深入阐述的知识；⑥工具知识（包括教学知识和实验）不到位。

因此，在备课中应当想到课堂讲解是尽可能遵循突出重点、分散难点的原则。

5）插入导语和过渡语。导语即新课导言，过渡语指课堂教学中从一个教学环节向另一个教学环节过渡，或从一项教学内容转向另一项教学内容教师的转折语言或手段。教（学）案中写下精心设计的导语和过渡语，上课时才能做到简练、自然得体，避免啰唆、脱节现象发生（对新教师尤为重要）。

6）设计板书的内容、时机与位置。板书的内容、时机和写在教板什么位置、用什么颜色的笔写、用何种符号等都应课前考虑好，以避免板书的随意性。

7）概括课堂小结。其包括教师引导学生总结和教师归纳总结的方式方法和强调内容。

8）注重教学反思。教（学）案的执行情况，学生的反应，教学中出现的事先未预料到的问题，启发的灵感等，这些应在课后及时整理记录下来，这是教师开展课例研究、行动研究的基础。教学反思是一种有益的思维活动和再学习活动，它可以激活教师的教学智慧，激发教师终身学习的自觉冲动。一个优秀教师的成长离不开不断的教学反思。叶澜说过："一个教师写一辈子教案不一定成为名师，如果一个教师写三年反思可能成为名师。"

2. 教（学）案的一般要求

教（学）案编写要从教育教学目的、任务着眼，从中职教学特点出发。具体应包括以下要求：

1）教（学）案要着力进行教学方法的改革，处理好教与学的关系。必须注意到，教学方法改革是教学改革中阻力最大、进展也最小的部分。教学方法改革的重点是将废除压抑学生的思想观念贯穿于各种教学方法和各个教学环节之中。实现原有教师观念的以下转变：教学目的由培养单一专业性人才的"就业教育"向培养复合集成型人才的"综合职业素质教育"转变；教学任务由培养"认知能力"为主向"职业综合能力"为主转变；教学内容由"基础学科"为主向专业理论、技能和职业活动课程为主转变；教学体系由"学科知识中心型"向"能力实践本位型"转变；教学过程主要按职业技术等级标准和职业任职资格的要求组织教学；中等职业教育的教师教学观由教师的"单一型、绝对权威型"向"一专多能型、行为引导型"转变；学生学习观由"被动接受、述而不作的模仿型"向"课内外专业教师、实习车间、小组化、个别化学习"转变；教学手段由"口授、黑板加简单电化教学"向"多媒体、网络化、现代教育技术"转变。

2）教（学）案要以体现行为导向教学法的新编中职教材为依据，做到目的明确，要求适当。在组织教材、选用教学方法、设计教学方案时，要从学生实际出发、循序渐进，不能任意提高教学要求。例如：对于以就业为目的的学生，应按照劳动部颁发的中级工标准进行要求，侧重于动手操作和与操作密切相关的定性知识的理解；而对于有继续深造（如参加对口升学）愿望的学生，除了上述中级工要求外，还应按照考试大纲的要求掌握更具体的知识内容。此外，在学习的初级阶段，不要让学生去做难度大、综合程度高的操作和习题，要善于分解难点，在学习了后续课程、综合能力提高后再来处理综合性问题。

3）要注意本专业的学科特点，加强实验教学。教学时尽量通过实验展现物理过程，充分发挥实验的表象作用。对演示实验要写详案，包括：实验目的，各仪器的作用、使用步骤、注意事项，要求学生主要观察什么，怎么观察，什么时候提出问题，与其他教学方法和教学手段如何配合等。

4）要时刻贯彻学生学习的主体性，把培养学生的学习能力、创新精神放在课堂教学设计的首位。

5）要求环节完整、结构合理、思路清晰、繁简得当、时间分配科学，使教（学）案能对课堂教学活动真正起到指导作用。

6）要求教书育人相结合。教（学）案不能仅重视传授基础知识和技能、技巧，而忽视开发学生智力、培育学生的人格、培养学生灵活运用所学知识去解决实际问题的能力。

3. 编写、执行教（学）案中应注意的几个问题

1）整个教（学）案编写应内容全面、环节完整、具体明确、层次清楚，各部分的过渡衔接应自然顺畅，以确保教（学）案在教学中的指导作用。否则，若书写杂乱，不分层次，则将造成教学准备的充分程度下降，直接影响教学质量的提高。

2）编写教（学）案的重点应是教学过程和教学方法的设计。因此，在实际教学中应避免两种倾向，一种是教（学）案写得过于简单，只写成提纲形式，这样不利于教师的课前准备和具体教学过程的实施；另一种是将教（学）案写成繁琐的讲稿，造成上课时照本宣科，不利于灵活地把握教学进程。

3）不能忽视教学反思的资料作用。教学反思是教（学）案的一个组成部分，因此要认真填写教学计划的执行情况、效果如何、有什么经验教训、原因是什么、应如何改进等。以便不断积累和总结教学经验，提高教学水平。

4）传统教学中，教师只有大纲意识、教材意识、教参意识，因此，在大纲和教材不变的情况下，课程也是稳定的、不变的。而现代教学（对于中等职业教育特指行为导向教学法）更强调学生的主体性、个体性和变化性，它认为课程是学生、教师、教学资源、学习环境等因素的整合，而学生是时刻变化的。因此，教学不仅要实施计划、教（学）案，而且应根据学生的实际情况，创新和开发新课程，使自主学习成为课程内容持续生成和发展的过程。

5.2.3　中职教师的上课

上课是实施和检验教（学）案的过程，也是实施素质教育、培养学生能力的主渠道。教师在上课时所要进行的工作非常多。例如，如何根据教学内容选择合适的教学方法，如何发挥学生学习的自主性，如何激发学生学习的积极性，如何实现教育目标，如何提高学习效益等。课堂教学的中心任务是提高学习效率，而学习效率在某种程度上取决于教师采用的活动策略。因此，应根据教学目标创设一个良好的课堂活动环境。

1. 指导课堂教学活动的理论思想

认知心理学的研究表明，学生的知识形成过程是外来的信息与学生原有知识和思维结构相互作用的过程；学生的专业能力往往是以活动为中介而形成的；在活动中进行思考，在思考中进行活动是青少年的一个重要心理特征。传统的学科教学基本上是单向灌输式的教学，忽略了学生主体的活动过程，学生处于被动接受的地位，学受制于教，这就严重地阻碍了学生的思维发展。为了达到提高每一个学生的专业能力这一目标，就应该创设一个有利于实现教学目标的活动环境，通过多层次、全方位的动态活动方式，努力揭示知识发生的过程和学生思维展开的层次，极大限度地调动学生的主动性和参与感，激发学生的学习热情。

2. 制定课堂活动的原则

（1）学生主动参与的原则　学生是教学活动的主体，教师对思维活动过程的展开，不能代替学生自己的思维活动。因此，教师在设计课堂教学活动时要以学生为中心，从学生实际水平和学生所能接受的方式出发，精心设计学生活动程序，激发学生的求知欲和参与感，使不同层次学生的认知结构、个性品质在参与中都能得到发展。

（2）个体活动和集体活动相结合的原则　课堂教学活动必须为不同水平的学生提供各不相同的学习专业的机会。在制定活动策略时，要鼓励个别化学习及同学间的相互交流，充分发挥学生的个体作用和"群体效应"，创造一种个体和群体相互促进的活动氛围。

（3）具体与抽象相结合的原则　心理学的研究表明，处在形象思维阶段的青少年缺乏抽象思维能力，为此，教师要有针对性地制定活动策略，帮助学生学会内化，借助形式思维，通过直观教具的演示、模型的操作、生活实例的对比等多种活动形式，揭示抽象概念，并通过学生的个别活动来形成概念，提高抽象思维的能力。

3. 课堂教学活动的操作策略

课堂教学活动的操作策略，就是怎样引导学生通过思维获得概念的具体步骤。其中，活动内容的选择和转换，活动情境的创设，活动过程的组织和调控，活动中的议论和评价是四个操作环节。

（1）活动内容的选择和转换　为了实现教学目标，中职教师必须认真钻研教学，并抓住教材加工的两个环节，即选择和转换。所谓选择，一是要选择教材中的关键内容，便于以点带面，以线成串；二是要选择能启迪学生思维的良机。所谓转换，就是把现成的教材有效地转换成既有教学内容又有活动步骤的"典型的职业工作任务"。

（2）活动情境的创设　从静止的平面教（学）案到立体的课堂活动，首先应该把握好活动情境的创设这个环节。俗话说，良好的开端是成功的一半。如果能在活动的起始阶段多动脑筋，往往能起到出奇制胜、事半功倍的效果。根据教学目标创设优良的活动环境，是一门教学艺术。在教学实践中，应遵循针对性、趣味性、创造性的创设原则。

1）设置悬念，构建迫切学习的活动情境。教与学的双边活动，实际上是以"疑"为纽带的动态统一体系。以解决某一问题作为出发点，激发学生的认知冲突，使学生产生迫切学习的心理，从而造成积极活动的课堂气氛。

2）设计实验操作，构建手脑并用的活动情境。认知心理学的研究表明，动作思维的操练直接影响着思维的发展。在进行抽象概念的教学时，教师可以构建学生操作实验的活动情境，并以学生操作获得的结论为感性材料展开教学，形成猜想、验证的教学活动模式。

3）实例引发，构建学用结合的活动情境。

4）采用电教手段，构建多媒体的活动情境。现代科技的发展，为丰富教学活动的形式带来了良好的契机。优化组合多种媒体，不但能够展示活动内容的某些细节和动态变化过程，激发学生多种感官协调活动，而且可以节省活动的时间和拓宽活动的空间。为此，在教学活动中应适时地使用多媒体进行教学。

（3）活动过程的组织和调控　为了使学生在活动过程中自始至终保持积极思维的心理状态，教师必须把握好活动过程中的两个要素，即活动的组织形式和活动的调控手段。

活动的组织形式可分为个体活动、小组活动和班级活动，其选择必须根据问题的特点和活动的要求。为了让每个学生参与到课堂教学中来，个体活动必须贯彻在活动的始终，而通过小组活动和交流，能使尽可能多的学生暴露自己的思维过程，并在与他人思维的比较中得到补充和完善。班级活动是活动开展的起点和归宿，通过教师的调控、点拨和全班学生的集思广益，使学生对问题的解决达到更深层次的掌握和理解。

教师对活动过程的调控应该像渔夫撒网一样，既要撒得开，又要收得拢。在活动设计时，教师应该充分估计到学生可能遇到的障碍，做好适当的铺垫；在活动进行时，教师应该注意观察、倾听并收集有关信息，进行适当的引导；对活动中学生表现出来的创造性要及时给予表扬和鼓励；当活动不再具有发展性时，教师要立即结束活动。

（4）活动中的议论和评价　议论和交流，是教学活动中不可缺少的一个环节，它的主要功能有：①可以提供足够的时间和空间让学生对知识进行"内化"；②可以提供给学生思考和主动建构知识的机会；③可以充分发挥个体作用和群体效应，创造出师生共同探讨问题的良好氛围。

因此，教师在教学活动中必须尽可能多地为学生创设交流的机会，努力采取多种教学策略，启动并协调有创造性的、有成效的课堂讨论。活动后的评价水平是检验活动是否有成效的标准。教师可采取"给出评价提纲—学生互评—教师补充—学生自己自评"的递进方式，使学生学会对活动结果进行观察、比较和归纳总结，完成从具体到抽象、从模糊到准确、从单一到系统的思维训练。

4. 当下的"好课"标准

（1）这样的课算不上好课 主要有以下三个方面：

1）"中评不中用"的课不是好课。有时一堂课听下来，往往会有这种感觉，如果根据评课的指标去评这堂课，用一一对应的方式可以罗列出许多优点，诸如"教学目标明确""教程安排合理""提问精简恰当""实施运用媒体""渗透学法指导""注重能力培养""板书精当美观""教态亲切自然"等，整堂课似乎无可厚非。但是，如果换个角度审视这堂课，想想学生在这堂课中学到什么？就会发现，这堂课的许多环节是为迎合评课口味而设计，是牵强附会的表面文章，学生的学习效果并不理想。这种现象在优质课中尤为常见，因此，"中评不中用"的课不是好课。

2）"教师唱主角"的课不是好课。在观摩教学活动中，教师为了充分显示教学水平，往往是教师唱"主角"，学生是"配角"，教师是"太阳"，学生是"月亮"。在这样的教学设计中，学生的学仅仅是为了要配合教师的教，教师期望的是学生按教（学）案设想做出回答，教师努力引导学生，得出预定答案。教学究竟是教服务于学还是学为教服务？教学论上关于教学目的的阐述是非常明确的。所以，"教师唱主角"的课，即便教师表演得再精彩，也称不上好课。

3）"达到认知目标"的课不一定是好课。有的教师把完成认知性任务当成课堂教学的中心或唯一目的。教学目标设定中最具体的是认知性目标，由此导致的结果是课堂教学关注知识的有效传递，课堂教学见书不见人，人围着书转。正如苏霍姆林斯基所描述的那样：教师使出教育学上所有的巧妙方法，使自己的教学变得尽可能地容易掌握。然后再将所有的东西要求学生记住。这种忽视学生主体只重视知识移植的课堂教学是对学生智力资源的最大浪费。课堂教学应该是面对完整的人的教育。仅仅达到认知目标的课称不上真正意义上的好课。

（2）这样的课才算好课 好课应让学生主动参与，学生是课堂教学的主体。课堂教学应该实现陶行知先生所提倡的那样，充分解放学生的大脑、双手、嘴巴、眼睛。让学生的多种感官全方位地参与学习，才能调动学生的学习积极性，使课堂焕发出生命的活力。课堂教学的立足点是人而不是"物化"的知识，让每一个学生都有参与的机会，使每一个学生在参与的过程中体验学习的快乐，获得心智的发展。为此，有些老师尝试着将课桌的构成方式由"秧田式"变为"圆桌式"或"马蹄形"，更便于信息的多向传递和情感的相互交流；有些老师采用小组讨论或个别指导等。

好课会让学生受益一生。素质教育环境下的课堂教学，需要的是完整的人的教育。它的真正贡献不仅是让学生获得一种知识，还要让学生拥有一种精神、一种立场、一种态度、一种不懈的追求。好课留给学生的精神是永恒的，就如陈景润初中教学老师的一堂教学课，激励了陈景润一生对科学的执着追求，这是一堂好课的真正价值所在。

5.2.4 中职教师的说课

说课最初是基于其发源地——河南省新乡市红旗区的教学工作实际情况提出的。教学学历达标后如何进行继续教育和终身学习，如何改变教师备课不认真，只教不研等问题，该区在教学实践中探索出"说课"这条教学改革的新路子，经过反复试验、探索，取得了良好的效果，得到专家和同行的高度好评，并在全国推广实施。随着说课实践的不断发展，现在它已不仅仅是一个教学环节，不再是对传统教学的补充和完善，而是一个具备完整的科学体系，形成了从说课的概念、意义、结构、方法到功能、评价、管理等一整套的说课理论。说课对推动教育改革，提高教学质量具有重要作用。

1. 说课简介

一般而言，说课是指教师陈述授课的教学目标、教学计划、教学效果及其理论依据的教学研究活动。具体地说，说课就是教师在备课的基础上，面对评说者（教师或领导）述说教什么，怎样教和为什么这样教；然后进行实际操作并说明成败原因及改进意见；最后由评议者进行评议和讨论，达到相互交流、共同提高的目的。因此，说课是以教师自身和教师群体为对象，以语言为主要交流媒介，根据教育教学理论，就教学中的理论和实践问题所展开的教研活动。

说课作为一种教学研究活动，同其他教学研究活动，如备课、上课、教学评价等活动，既有联系又有区别。

（1）说课与备课的关系　说课与备课是相互联系的，备课是说课的前提和基础，这是由备课和说课内容的基本一致性所决定的。备课的"三备一定"，即备教材、备学生、备教（学）法和制定教学计划［教（学）案］，同说课的"四说"，即说教材、说教法、说学法、说教学程序，两者的内容是基本一致的，故备课的结果直接决定着说课的效果。说课是备课结果的表述和校验，说课是将备课结果述说给同行，然后与之共同再研究备课内容。实践证明，只有将两者紧密结合，才能提高备课质量。

说课与备课也有区别，主要体现在以下三个方面：

1）说课与备课的内容不尽相同。备课主要解决"教什么，怎么教"的问题，而说课更主要侧重于"为什么这样教和教得怎么样"的问题。备课内容可以直接投入到课堂教学中，它对教学效果直接产生影响；说课的许多内容不能直接表现在课堂上，但它直接影响备课质量，从而间接影响教学质量。

2）说课与备课的活动形式不同。备课主要是教师个体的静态活动，目前虽也有集体备课，但仍以个体备课为主，就其思维的参与度也是教师个体的隐性思维活动，其隐性思维的成果体现在教师制定的教（学）案中。而说课是述说者与评说者共同参与的教师群体的动态活动，其思维的参与度属于教师集体的显性思维活动，它是将备课的研究过程通过语言、媒体等媒介展示在听者面前，比看文字教（学）案的效果好得多。所以，从备课到说课，其活动形式是从教师个体活动到群体活动，由隐性思维到显性思维，由静态到动态的转变和飞跃。

3）说课与备课对提高教学质量所起的作用不同。备课是教师对课堂教学主观设计的蓝图，对教学质量有一定的作用，但在付诸课堂教学之前，仍属"纸上谈兵"。与课堂教学实际有一定的距离，甚至可能存在一定的失误，所以备课后即上课，有时会影响教学质量。说课则通过说课者口头表述教学设计，实际上已经把"教（学）案"转化为"教学活动"，形成一种授课前的演习，特别是通过评说者的评议，肯定正确的方向及其长处，指出不足及缺陷。这样，通过教师们的集思广益，把教学中可能出现的失误与缺陷消灭在授课之前，从而极大地提高了教学质量。

（2）说课与上课的关系　说课与上课共处于教学全过程的统一体中，是整个教学过程中的两个紧密联系、相互制约的教学阶段或教学环节。从内容上看，说课内容是在教育理论指导下，精心设计、实际操作而形成的最佳教学方案，它可使上课更具科学性和计划性，避免盲目性和随意性，从而提高教学质量；同时通过上课的实践验证，又促进了说课的发展，丰富了说课的内容。可见，说课与上课的关系可归纳为：说课为上课服务，上课又促进说课的发展，两者紧密联系，相互促进。说课与上课的区别主要体现在以下三个方面：

1）说课与上课的对象不同。说课的对象是教师，是在同行间展开的一种教学研究活动，其目的在于探讨教学中的系列问题，提高教师的业务水平和教学艺术。上课的对象是学生，是师生间的知识、能力等方面的互动过程，通过"教"与"学"活动，促进学生的全面发展。

2）说课与上课的内容不尽相同。如说课中所说的"为什么这样教"和指导学生"怎样学"的科学理论依据，并不直接在课堂上传授给学生，它只对课堂上的教和学起指导作用。而课堂上所传授给学生的具体知识技能和能力发展方面的内容，也不作为说课内容的重点。

3）说课与上课的组织形式不同。说课的组织形式灵活多样，有个别形式、小组形式和群体形式等，它不受时间、地点和人数的限制。而上课则有一定的组织形式，即班级授课，它要求在一定的时间、地点进行，并有严密的组织性、计划性。

（3）说课与教学评价的关系　这里的说课主要是针对说课效果而言的，是指教学设想通过实际操作后的成败原因分析及改进措施，它是说课者的自我分析、自我总结、自我评价。从这个意义上说，它与教学评价基本上是一致的，教学评价也是肯定成绩，找出不足，提出改进意见和措施等。

说课与教学评价也有本质的不同。首先，参与评价的成员不同。针对说课者的分析、总结、评价，主要是在教师范围内进行的；而一般教学评价的参与成员较广泛，包括教师、学生、班主任、教学领导、学生家长等。其次，评价的目的、标准和内容不同。说课的评价主要是以提高教师的整体素质为目的，评价内容包括教师驾驭教材的能力，选择和运用教法的能力，运用教育理论指导教学实践的能力等方面的情况。而上课的评价主要是以课堂教学效果为标准的，评价内容包括学生学习情感、掌握知识、发展能力、思维品德等方面。

2. 说课的内容与一般程序

从广义上来看，说课内容是指说课者在教育理论的指导下所进行的课堂教学整体规划；从狭义上来看，说课内容包括：说教学思想、教学理论依据和教学效果；说口语表述和非口语表述的内容；说"教什么""怎样教""为什么这样教"和"教得怎么样"；说"学什么""怎样学""为什么这样学"和"学得怎么样"。

说课内容是说课者对新教材、学生及教育教学理论等知识的结晶，也是教育理念和教学智慧的集中体现，它显示说课者知识、能力等方面的水平。说课内容极为丰富，其基本和主要的内容可概括为以下几个方面：

（1）说教材　说教材是说课最基本的内容，即是围绕"教什么"的问题展开的教研活动，这其中包含着丰富的内容：

1）说体系、结构。即说授课章、节、课题及其在教材体系中的地位和作用，说明本课题所在章节、单元结构中的性质及其与其他相关知识的纵横联系和其他背景材料等。

2）说目的。说本课题的教学目的要求。教学目的是教学的出发点和归宿，也是检查教学效果的标准和尺度，因此说教学目的要求要说得准确、全面、具体。所谓"准确"是指教学目标的制定要符合新教材和学生的实际情况，既不能降低要求，也不能要求过高；所谓"全面"是指在教养、教育和发展等方面的目标都要兼顾，不能有缺漏；所谓"具体"是指教学目标要说得详细，有可操作性，以便于实施和检查。

3）说处理。即说如何处理教材。一般首先要说出本课题的基本要求、重点、难点；其次说明哪些内容需要解释发挥，哪些内容需要总结概括，哪里应详，哪里应略，以及做上述处理的理由；第三，指出本书的缺陷和不足，为实现课程设置综合化、教材体系结构化、教学内容现代化、全面提高学生的素质而服务。

（2）说教法　说教法是指说"怎样教"的问题，其中贯穿着说明为什么这样教的理论依据。本书第 2 章已经介绍了在行为导向教学法指导下的教学方法，教学方法多种多样。要依据教学目的任务，教材的内容特点，教学对象知识结构、身心发展的状况，教师的自身情况，说明本课题的优化组合教学方法及其理由，指出运用相关教学方法所需的教学要求和配套设施。简言之，说教法应说明：①选择什么或怎样组合的教学方法；②这样选择的理论依据是什么；③运用这些教学方法的要求和注意事项；④你的改进意见和创新是什么。

（3）说学法　说学法是指说"怎样学"的问题。传统教育更多关注教师如何教，很少论及学生如何学，致使教与学严重脱节，出现了学生离开教室、走出校门后，不会学习的现象。因此，教给学生如何学习，是当前学校教育的重要和紧迫任务。"说学法"正是顺应和体现教育改革的重要举措。由现代学习论可知，学习方法多种多样，在学法的培育上要遵守"学生是学习的主体"的思想，贯彻"学法和教法相协调"的原则，采用"放—扶—放"的方法，全面地、积极主动地发展学生的学习能力。说学法与说教法相似，大体包括：①选择什么或怎样组合的学习方法，学法和教法如何协调、匹配；②这样选择的理论基础和理论依据是什么；③运用这些学习方法的要求和注意事项；④学习效果如何；⑤你的改进意见和创新是什么。

（4）说教学程序设计　也即说课堂教学过程和步骤的安排以及为什么这样安排，这是说课更为细致的内容，是课堂教学能否有计划、有步骤地进行，并顺利实现教学目的、任务的重要保证。说教学程序设计具体包括以下内容：

1）说课型。从教学实际出发，说明本课程主要属于什么类型，可以按师生同教学内容的关系划分为：①授受式（以教师讲解为主体活动）；②导学式（以学生自主学习为主，教师指导为辅）；③问题探究式（以知识内在关联导引探究学习）；④程序设计式（以预先设计的模式导引学生学习）；⑤实践式（以"操作实践—认知—操作实践"为主要学习模式）；⑥自修式（以学生自学为主要模式）。确定课型之后，进而说明安排哪些基本环节、各环节的主要内容、环节间的衔接方式、时间分配以及应注意的问题。

2）说结构。就是阐明教学内容的知识结构和非智力因素结构。一般应说明教材纵向发展的关联、横向作用的关联、教学过程的基本程序及其时间配置等内容。

3）说课堂教学设计流程。也就是说明课堂教学的全内容。通常要说清：①教学条件的物质准备和精神准备，特别应贯彻调动学生学习主动性的方法和措施；②温故知新、由此及彼的教学安排；③教材的掌握过程与教育技术的使用；④教材的巩固、重点难点的落实鉴定；⑤板书设计；⑥作业与新学习的指导等。

（5）说效果　说效果就是说"教得怎么样"的问题，主要包括：

1）说"落实"。即"教什么""怎样教"和"为什么这样教"的内容在实际操作中的落实。实践证明，即使说课完美无缺，但在实际操作中也难尽如人意，所以在说"落实"时就要找出与实际吻合较好的内容，总结积累以利提高，同时更要查找脱离实际的部分，分析原因并及时提出补救措施。

2）说"成败"。即说实际操作后反馈获得的经验和教训。具体地说，就是说者经过实际操作后，总结效果，并站在理论的高度分析成败得失的原因。

3）说"改进"。即说修改意见。说者在说"落实"和说"成败"后，做到了明口、明理又明心，最后需给出自我完善的新设想，使说课程序圆满结束。

3. 说课方法

说课方法也是说课理论的重要组成部分，当说课目的、任务、内容确定后，能否达到预期的目标，说课方法是其决定性的因素。

（1）说课方法的概念和意义　说课方法有广义和狭义之分。广义的说课方法是指说课进行的一系列活动，它包括说、听双方相互作用、相互配合的所有活动和过程。狭义的说课方法是指说课的具体活动，它是指说者和听者为完成说课的目的、内容所采取的工作手段。

笛卡儿说："没有正确的方法，即使有眼睛的博学者也会像瞎子一样盲目探索"。说课也是一样，若无正确的方法，即使教师的水平再高，也必然陷入盲目探索。

（2）说课的常用方法　在说课实践中探索和总结出来的说课方法是多种多样的，仅根据说课者运用的手段和途径就可将说课方法做如下分类：

第一类，以语言表述为主的说课方法。这类说课方法主要是借助语言，通过说听双方的语言交流，达到传递和转化说课信息的目的，它不受场地、设备、教具的影响，主要包括讲说法、对说法和论说法。

第二类，以直观表演为主的说课方法。这类说课方法主要是指说课者借助教具手段通过实验或表演进行说课的方法，主要包括演说法和表说法。

1）演说法是指说课者借助教具演示的方法进行说课。演示的种类按教具可分为：①实物、标本、模型的演示：②各种图表演示；③实验演示；④幻灯、影视的演示；⑤计算机或其他各种现代化教学手段的演示等。其特点是增强说课的直观性，使听者获得生动、具体的感知，以便在此基础上通过抽象思维形成科学概念。

2）表说法是指说课者借助语言、动作或其他教具进行实地表演的说课方式，其特点是说课者要运用艺术语言和形体动作将说课内容具体化、想象化。

演说法和表说法虽然具有直观性且能化解难点的功效，但在运用时也应适度，否则，过多的教具、形体语言，将会干扰听者的视听，从而影响说课效果。

（3）说课时应该注意的几个问题

1）防止说课变质，既不能把说课变成"试教"或"压缩式上课"，也不要把说课变成宣读教（学）案或简述讲课要点。

2）说课过程中，尽量展示先进和现代的教育思想。

3）在说教学程序设计时，所采用的方式、方法、手段，必须有充分的理论依据或较成熟的个人观点。

4）在讲说教法和学法的同时，要针对这堂课特定的内容充分说明所选择的教法及引导学生该种学法的理由，对相关教学原则和教学规律应十分熟悉。

5）在有时间限定的情况下，不必追求面面俱到，但重点部分一定要说透。

6）一个完整的说课要包括评说课或者答辩，因此要做好问题准备，评价者往往以此来定位说课者的教学素质、教育素质。

5.3　中职教师的科研

教师是人类文化科学知识的和道德观念的传播者，担负着培养人才的社会责任。当今世界性的科学技术迅速发展，全国性的教学改革正在深入进行，对一位合格的、称职的中职教师的要求越来越高。他们除了有高尚的职业道德，良好的心理品质，扎实的专业知识，精湛的教学艺术外，还应有从事教育、教学研究，用确切的语言文字表述自己教学经验、研究成果的能力。

5.3.1　中职教师开展科研活动的必要性

科学技术的飞速发展和经济的迅速增长，对教育提出了越来越高的要求，随着教育改革的不断深入，教育理念的不断更新，一系列新课题摆在了中职教师面前，亟待研究探索。因此，开展教学科研活动是时代的需要，是教育改革的需要，更是实现自我完善的需要。

实践证明，一个教师不能只靠时间的流逝和失败的教育来积累经验，否则就会误人子弟。一个教师也不能紧随前人或他人的经验来照本宣科、人云亦云，否则就没有创新，跟不上时代的发展。教学科研活动，可使人积极主动地探索教育规律，寻求优化教学之路，从而驾驭自己的命运，走在时代或他人的前沿。

5.3.2　中职教师科研活动的一般过程

中职教学研究的范围广泛，内容繁多，方法多种多样，过程灵活多变，一般须经过选题、搜集资料、实施研究、撰写论文等过程，其大体程序如下：

1. 选择课题

中职教师科研主要包括专业教育科研和教学科研两大项。其中，专业教育科研是以发展学科的教育功能，全面发展学生的科学素质为中心目的的；教学科研是以发展学生的专业能力，丰富学生的专业知识，培养学生辩证唯物主义世界观为主要目的的。因此，中职教师科研的涉猎范围非常广泛。

中职教师教学科研涉及专业课程、哲学、教育学、心理学、现代教育技术等众多学科。具体的研究内容可分为基础理论研究课题、应用性研究课题（如教学实践，探索提高当前中职教学质量和教学效益的研究课题）和开发性研究课题（如新仪器的试制，各种教学软件的设计、制作等）三大研究领域。

需注意的是，这三种课题不是截然分开的，有些课题界于两者或三者之间，它同时兼备两种或三种课题的特性。当然，以上三种科研工作，是相互联系、相互渗透、相辅相成的。前者的研究成果，有赖于后者的研究去检验和发展，并作为后者研究的依据；后者的研究成果，又不断为前者提出新的研究课题。

2. 选题原则

（1）思想性原则　看选题是否反映正确的教育思想，全面贯彻党的教育方针政策，特别要符合今天教育改革的总趋势——培养能力、以人为本、全面发展。

（2）科学性原则　科学性指论文题目有价值，即题目的先进性、正确性、准确性。先进性是指待写的论文内容是否先进，不是简单重复别人的工作或已经证明是陈旧的题目。正确性是指论文的观点、论点正确无误，并经得住时间进程的考验，在一段时间内有指导意义。准确性是指论文题目有明确的针对性，要解决现实专业教学中存在的某个倾向性问题，或论述自己在教学实践中、教学研究中的新观点、新见解、新方法，或针对别人论文中某个不正确的观点提出自己的看法与之商榷。

（3）发展性原则　指论文题目是否符合专业教学的发展方向，论文完成后对教学改革有什么指导作用，对教学工作有什么促进作用，能帮助解决教学中存在的什么问题。

（4）理论与实际相结合的原则　所谓理论是指教育学理论、心理学理论、教育测量与评价的理论、专业学科知识本身的理论等，实际是指教学过程的实际。一个有价值的论文应该源于教学的客观实际，反映专业教学研究与教学改革的实际，又不止于教学实际，它可用于指导专业教学改革实际。在阐述论文的内容时，既不要停留在原始材料的阶段，也不用搞单纯的理论叙述，而应该用理论去阐明事实，从事实中提炼理论，实现理论与实际的统一。

3. 科研活动的一般过程

（1）搜集材料　这里的材料主要包括图书、报刊及网络材料。搜集材料是进行科研活动的重要环节，通过查阅文献资料，可以了解国内外学者对该课题及相关课题领域的研究现状及存在问题，从而确定本课题的具体目标。即研究要涉及几个问题，具体问题是什么，研究范围和研究对象分别是什么，研究的重点和难点是什么等。

此外，在搜集材料时应注意：①感觉有用和有价值的资料应复制、复印或记录下来，在引用时要尊重作者的原意，不能主观取舍，更不能断章取义；②不要把事实和经验、作者的意见和本人的主观感觉混在一起，而应分别记录，以便弄清楚自己和他人的立意；③认真学习、记录他人研究的方法，克服难题的措施及研究的重要结论，充分考虑本人研究的现实性、可操作性、创新性，对不切实、不可行、不新颖的课题要及时更换或修改，以免造成更多人力、物力、财力的浪费。

（2）制定研究计划　研究计划包括搜集资料后拟定具体的研究方案、进程，以及依据研究方案应采取的研究方法和手段。其中研究方案、进程至少应包括（顺序可以改变）：①课题名称；②研究目的、意义、价值；③研究的主要内容，重点、难点；④该课题在国内外的研究现状及其发展趋势的分析；⑤研究所需的设备、资源及现实状况；⑥具体实施计划细目表；⑦课题经费预算；⑧完成日期；⑨成果输出方式；⑩成果推广应用。方案制定得应详细、周全，将研究过程中的各种障碍、困难都尽可能预先估计到，并制定排除措施，以确保研究的顺利进行。

（3）撰写研究论文　论文是全部研究工作和研究成果的精华和输出方式，教师科研结题或取得阶段性成果后，要认真撰写研究论文，这不仅能提升自己的理论水平，促进研究的进一步深入，而且能推广科研成果，扩大交流，促进教育改革。

撰写论文总的要求要做到论点正确，内容充实，真实反映自己的教学经验、心得、体会及科研成果，这是撰写论文必须遵循的一条原则，也是衡量论文质量的一个重要尺度。同时，还要注意论文结构的逻辑性，论证的严密性，语言的精炼程度。

不同题材的论文，体例不完全一样，每个人都有自己的写法与风格。但是，一般论文大体上的结构，可以由下面几部分组成。

1）题目：应以醒目、简练、明确的语言反映论文阐述的中心内容，使读者由此迅速判断该论文的中心思想。一般不超过20字。

2）摘要：论文基本内容的简介。要求简短、扼要，说明论文的目的、依据和方法、成果和结论，重点是概述论文的要点和重要结论，特别是写出研究成果的独到之处，使读者了解论文的关键，一般不超过 300 字。摘要须具有独立性和自含性，切忌写成自我评价。

3）关键词：能凝聚论文的主题思想且使用频率较高的词组，一般不超过 7 个词组。

4）引言：论文的说明。简介他人在本课题或相关课题中已有的工作，也可以对其进行评述，从而阐明本文的目的、意义和所要解决的问题。

5）正文：这是论文的主体部分，正文的安排应该做到先后有序，主次分明、详略得当。要求作者正确地阐明自己的思想、观点、方法，充分利用第一手材料，详细、完整而又重点突出地论证自己的经验或研究成果，真实、准确地反映出论文的水平。使人们读后受到启发，感到有新意、有收获，对改进教学有帮助。

6）结论：研究成果或结论性内容，注意事项，本研究未尽或待解决的问题等。

7）参考文献：引用前人工作的出处。原则上说，凡是引用他人的观点、方法、成果等，都应在参考文献中一一列出，这一方面反映论文具有真实、可靠的理论依据，另一方面也体现了对别人工作的肯定和尊重。

值得注意的是，在投某一刊物前，必须要了解该刊物是否包含你所要投的期刊栏目，论文的格式（如有些期刊只需要题目和正文），论文的大概字数，是否需要作者简介，期刊是否需要评审费等发表论文的相关事宜。

5.4　中职教师的终身学习

《学会生存》一书中强调的两个基本观念之一是终身教育，对于现代学校的教师来说终身教育主要体现教师的终身学习。

5.4.1　中职教师终身学习的必要性

21 世纪是知识经济的时代，一方面，随着知识更新的步伐不断加快，科学技术的突飞猛进，中等职业教育生源人数急剧增加（与普通高中教育的生源人数接近 1∶1），适用于中职学生的行为导向教学法的出现，迫使中职教师必须不断学习，用科学的教育思想武装自己的头脑，加强对现代教育技术的运用，使教学效果得到提高。另一方面，随着网络技术在教育中的应用，学生的学习途径日益多样化，学生的知识也更广泛，如果教师不注意随时充实自己，就无法给学生恰当的指导，也不可能在教学中贯彻教学相长的思想。由此可见，教师必须具有终身学习的能力，终身学习是不断促进教师成长所必需的。

5.4.2　新世纪的学习理念

今天，所有的教育学家都同意，学习是一生一世的事。为了适应飞速发展的社会，现代人除了不断学习外没有他法。继续教育和终身学习将成为每个现代人的身存和发展格调。

受过中等教育的人也会成为文盲？这绝不是危言耸听！这种危险就可能潜伏在你我的身边。现在的文盲是指不会主动探求新知识，不能适应社会需求变化的人。科技的发展以及所带来的文化、经济、教育、家庭生活和人际交往等方面的变化，导致许多功能性文盲。功能性文盲指的是那些受过一定的教育，有基本的读、写、算能力，却不能识别现代信息符号，不能利用计算机进行信息交流和管理，无法利用现代化生活设施，难以适应时代社会文化需求的人。为了不使自己成为文盲，唯一切实可行的办法就是时时保持学习的习惯，掌握信息时代的学习方法。把学习当作终生事业去追求，对传统学习进行革命。

学习方式的革命：今天，凡是媒体，特别是电子媒体都有可能是"老师"。学习材料更多的是文字、图像、声音或者是相互结合的"超媒体"形式，使多种感觉通道参与学习。随着多媒体的高度发达，学习将是一个愉快的过程。左右脑并用，格外重视开发右脑的学习潜能，自主地选择自己最有效的学习方式。

学习时空的革命：现在已经进入了一个终身学习的时代。学习、家庭、社会教育的界限日渐融合，整个社会成为一所"大学校"。只要你愿意，随时随地都有学习机会。必须养成时时、事事、处处学习的习惯。

学习内容的革命：现在的学习不仅要学谋生的知识技能，更要学习创造性的思维方法，强调科学和人文的融合，注重构建自己全面的素质，特别是生活素质和心理素质，注重成功素质潜能的开发训练。

学会学习：今天的学习主要不是记忆大量的知识，而是掌握学习的方法——知道为何学习？从哪里学习？怎样学习？如果一个人没有掌握学习方法，即使他门门功课都很优异，他仍然是一个失败的学习者。因为这对于处在终身学习时代的人来说，不啻是一个致命的缺点。

学习的个别化：日渐成熟的学习化社会为全体社会成员提供了丰富的学习资源。学习化社会中的个体学习，犹如一个人走进了自助餐厅，你想吃什么，完全请便，个体完全可以针对自身的切实需求，选择和决定学习什么、从何处学习、怎样学习、学习的进度等。

工作即学习：现代人的学习将交融于工作和生活之中，其主要的方式是接受培训，在瞬间万变的 21 世纪，终身培训是每个人适应职业生活的最主要的武器。

现在正在步入学习化社会，学习化社会的学习特点与传统社会的学习截然不同。今天的学习实质、目标和重心都与以往有所不同，学习化社会的学习特征主要表现在如下方面：①学习是终身的，无法分为教育阶段与工作阶段；②学习在各种环境与机构中进行，学校只是学习的场所之一；③各种形态的学习与学校教育相互统整，人生的学习是形成经验、满足需要的创意过程；④每一阶段的学习成败只具有相对意义，不能作为区分社会成员的指标；⑤强调人的全面发展与创新意识，重视个人的自由发展与个体的不同思维方式；⑥强调以终身教育的方式、协助个人接受现代思潮，建立历史观、科学态度与相对意识。

总之，学习化社会认为学习是生存和发展的根本，它要求终身学习，强调时时、处处、事事学习，重视多种途径特别是信息化渠道的学习，关注学习的个别化、自由发展、开放性和创新性。

5.4.3　终身学习的要求和途径

学习化社会的发展要求学习采取几乎全新的方式。未来学习的成功者绝不是仅看掌握知识的质和量的多少，而是知道学习什么、获取什么知识，知道从哪里学，能运用所学知识来解决问题，具有构建知识结构、更新知识和具备创新的能力和本领。学习的重要功能应当有"三见"——新见、创见、远见。获取某种知识、接受某种新观点比产生新观点更容易，为此，要学会提出创新意识或创新观点的有效方法，要激励受教育者发现问题并寻求解决之道。富有创新的革命方法是通向成功的钥匙，没有创新就没有活力，就没有进步。组合与创新是现代教育的最本质的内容。

在学习化社会中，与学会学习相关的能力有很多，但尤为重要的能力是处理信息的能力，也即信息素养。为了把握最佳的学习和发展机会，使自己成为出色的终身学习者与优秀的教育者，就必须使自身成为一个有信息素养的人，也即能熟练运用计算机获取、传递和处理信息。这种素养已日渐成为未来从业者必备的素质。教育专业人士认为，培养学生的信息素养已成为教育的首要课题，教学必须以"信息素养"作为新的立足点。因此，教师必须不断学习，使自己成为高信息素养的人。

获取信息是手段，不是目的。处理信息的目的在于利用各种信息，在分析处理各种相关信息的基础上，围绕某一问题的解决，创造新的信息。

学习化社会是一个信息化的社会，信息化社会要求学习信息化和教育信息化。从一定的程度上来说，学习和教育的革新是与信息化社会发展的速度赛跑，一旦滞后，我们将与信息化社会格格不入。反之，学习和教育的信息化将促进信息化社会的发展。要么两败俱伤，要么相得益彰，两者必居其一。

面对 21 世纪的学习革命，新时代的教师必须调整自己的学习对策，塑造适应时代需要的学习理念，调整自己的学习重心，利用社会提供的一切机会，实施继续教育、终身学习。

人们实现终身学习和终身教育的渠道很多。例如：多层次的继续教育机构，如进修、培训、申报各专业资格证书等；攻读高一级学位，如硕士、博士等；学术交流，如参加学术会议、展示自己的研究成果等；各类大众媒体，如报刊、阅览室、图书馆；计算机网络，如随着互联网的通贯全球，网络化、信息化浪潮的涌动迭起，科技生产力—知识经济—信息社会雏形的孕育诞生，网络教育已成为实现终身学习和终身教育的最佳途径。它在一定程度上突破传统学校教学方式的时空束缚，与课堂教育、广播教育、电视教育共同构成多元化的教育、体系，使继续教育、终身学习成为可能。

第6章 能源与动力工程专业
实际教学案例

6.1 基于过程导向的教学法在能源与动力工程教学中的应用

我国中等职业教育的课程体系经历多年改革，从学科体系向能力体系转变，取得了很大的成绩，项目化学科体系有了很大的改观，但是由于项目模块的来源和内容比较简单、随意，学生完成整个项目时缺少完整的知识体系的支撑。鉴于中等职业教育学习内容是工作岗位中所涉及的任务、知识、技能的特点，在专业课教学实践中，以工作过程导向为基础的教学模式能够将碎片的知识系统化，由简到难，培养学生的动手能力，使其更快地适应岗位需求。

由本书第2章内容可知，形成工作导向的教学实践过程，将各种职业能力转化成独立典型的工作任务，并对工作任务进行整合，把工作过程的行动领域转化成课程的学习领域，总体上按照：咨询—决策—计划—实施—检查—评估为工作过程，教师成为引导者、咨询者，学生成为学习活动的主体，在共同参与和探讨中解决实际问题。

在课程的构建过程中，对于书本中知识进行归纳整理，抽离出步骤相同、内容不同的相似任务形式，然后由简单到复杂，通过不同的练习内容，不断重复相同的任务步骤，让学生在过程中逐步成长。例如，制冷空调管道的连接与检测过程在制冷与空调领域中十分重要，而且所有涉及制冷系统的机组或系统都需要进行管道的连接与检测。在不同的系统安装过程中，管道连接和检测的步骤是相似的，也即：制作管道—连接管道—管道检测—故障排除。对于学习中所涉及的空调扇管道系统、窗机管道系统、分体机管道系统、多联机管道系统以及中央空调管道系统中的管道连接与检测都需要进行上述四个步骤的操作，所以在进行教学设计时，可以将此部分内容串联起来，分成三个部分，从简单到复杂，教师在授课起始阶段要"手把手"地将课程内容传授给学生，在管道制作中，对切管、弯管、胀管、胀喇叭口等每一道工序的技术要领及注意事项教给学生；在管道连接部分，对于管道连接常见的焊接、螺纹连接方式进行实操实练，让学生掌握铜焊的点火、火焰调节、关火技术要领，在焊接的过程中强调氮气保护的实施过程及作用；在检测和故障排除部分，对管道连接点质量的检测步骤、合格标准以及在检测出问题后对存在问题的修复及故障排除过程进行重点讲解。

图6-1所示为空调系统管道连接与检测。其以图示的方法给出了基于工作过程导向的教学法在管道连接与检测教学中的应用。

在本书附带的数字化资源里面有"多联机管道连接"视频内容，视频中详细讲解了管道连接过程中的制管—连管—检测—故障排除步骤，配合本节课内容，可以更好地理解管道连接教学中，相同的步骤，不同的内容的教学设计。

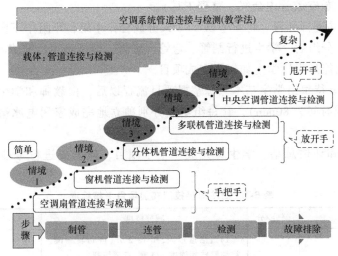

图 6-1　空调系统管道连接与检测

6.2　现场教学法在能源与动力工程教学中的应用

在自然和社会现实活动中进行教学的组织形式，便是现场教学。现场教学不仅是课堂教学的必要的补充，而且是课堂教学的继续和发展，是与课堂教学相联系的一种教学组织形式。借以开阔眼界，扩大知识，激发学习热情，培养独立工作能力，陶冶品德。

在能源与动力工程专业中，对于制冷机的总装过程，多采用现场教学法。学生在日常的学习中，从书本知识中了解到了制冷机的组成及工作原理，也会在实验室和课本的插图中了解到组成制冷机的各个部件及其连接方式。但是，目前制冷企业采用的机组加工方式更加智能化、自动化以及流水线化，这有助于提高企业生产率，降低生产成本。学校没有条件开设这种实验设施，那么，为了更贴近于学生工作状态，就需要安排现场教学内容。此课程的设置需要考虑企业生产需求及学生培养计划安排之间的协调，要在前期调研过程中与企业充分联系，培养计划中的实践环节安排要有灵活性。将学生带到企业生产线上，对制冷机装配的整个环节进行观摩学习及轮岗实习，让学生在实践中了解制冷机装配的整个工艺流程。

6.3　项目教学法在能源与动力工程教学中的应用

以制冷基本技能实训（家用电冰箱制冷系统的焊接与检漏模块）为例，某中职院校制冷专业实训项目实施情况如下。将整个项目分解成不同的子项目，具体做法如下：

1）确定项目目标。完成家用电冰箱制冷系统的焊接与检漏，具体包括：正确使用割刀；正确使用胀扩管器（扩杯形口以及喇叭口）；正确使用焊接设备及进行焊接操作；用氮气对焊接部位进行压力检漏方法正确；善后工作合理。

2）教师向学生传授相应的理论知识，并进行演示。项目流程为：割数根铜管并对管口去毛刺；扩数个杯形口和 1 个喇叭口；点燃焊炬，调节火焰；系统施焊，完成 4 个焊点；制冷系统打压检漏（在工艺口加装修理阀，向系统充注氮气，用洗洁精或肥皂水检漏）；善后工作（恢复系统，放空胶管内余气，整理工具）。

3）学生分组并进行练习。将学生以 2~3 人分成合作小组，小组中不同水平、不同性别的学生合理搭配。分组后，学生进行割管、弯管、胀管、焊接等项目的练习。在练习的过程中，教师的主要功能是指导学生如何去完成项目。

4）项目实施。待每组学生基本熟练掌握项目流程以后，由教师和学生商讨，确定合适的时间（项目完成时间为 80min），让每组学生分别独立地完成家用电冰箱制冷系统的焊接与检漏。

5）成果展示和评估总结。学生每完成一个子项目，就需要进行考核，考核标准见表6-1。

表 6-1　制冷焊接技能实训项目考核标准

序号	项　目	配分/分	减分幅度	备注	扣分
1	割断铜管及管口处理（8mm 或 6mm 铜管）	5	1）进给量过大，扣 1~2 分（应每转一圈，将调整转柄旋进 1/4 圈，直至切断） 2）未用扩口铰刀除去管子表面的毛刺，扣 2 分 3）不会使用，扣 5 分	学生可选择 1 个管口，给教师打分	
2	扩杯形口操作（8mm 或 6mm 铜管）	15	1）工具使用不正确，扣 1~5 分 2）扩出杯形口的长度 L 等于铜管直径 D，否则，扣 1~2 分 3）杯形口不正，扣 1~2 分 4）不会使用，扣 15 分	学生可选择 1 个杯形口，给教师打分	
…	…	…	…	…	…
6	氮气压力检漏	15	1）不会用氮气检漏，扣 5 分（包括装修理阀、向系统充注氮气，洗洁精或肥皂水检漏） 2）无泄漏得 10 分，否则扣 10 分		
7	善后工作	5	恢复系统，放空胶管内余气，整理工具，完成得分，否则扣 1~5 分		
8	项目实施时间（80min）		1）每超 1min 扣 5 分 2）超过 15min 不计成绩		
合计	总分	100			

6）信息反馈。项目教学法在制冷专业实践教学中的初步应用应在教研室全体教师的合作下共同完成。该项目结束后，教研室应分别召开教师交流会和学生座谈会，对项目化教学的特点、教师在项目化教学过程中起的作用、项目内容选定的注意事项、学生对项目化教学实施的设计是否满意、教师在教学实施过程中应在哪些方面进一步加强等方面进行讨论，以期更好地完成实训的项目化应用。

6.4　角色扮演教学法在制冷专业教学中的应用

6.4.1　角色扮演法引入的可行性研究

1. 角色扮演法的理论依据

角色扮演教学法来源于社会表演、心理戏剧等，其理论基础主要为社会学的角色理论和心理学的符号互动理论。社会角色理论的重要代表人物是美国人类学家、社会学家林顿。林顿认为角色可以定义为：在任何特定场合作为文化构成部分提供给行为者的一组规范。他还区分了角色与地位，认为当地位所代表的权利与义务发生效果时即为角色扮演。林顿将社会结构置于个人行为之上，视社会结构为一个行为规范体系，个人接受和遵循这些规范。因为角色是由社会文化塑造的，角色表演是根据文化所规定的剧本进行的。这种理论认为，角色和角色扮演的概念有助于将人际关系的个人系统置于有意识状态，社会是一个大舞台，每个人都在扮演着具有高度创造性的角色。

2. 角色扮演教学法的要素分析

（1）角色的确定　在社会舞台上，人不能随心所欲地扮演角色，每一种角色有着他特定的道德规范和技术水平。角色确定是在长期社会互动中完成的，如教师要求他在学校为人师表，业余时间充当企业的顾问；角色确定也常有失误的情况，如不能胜任角色，未承担合适的角色，选择了不适当角色等。角色的确定是否有效，最终是由社会决定的，但它也与个人的活动和努力密不可分。

（2）角色距离　这是指个人与他所承担的角色之间存在着差距的情况。所谓角色距离者，包括那些行为、品质达不到角色规范的人，如军纪不严的士兵、不守纪律的工人、名实不符的教授，也包括那些素质远在角色规范之上的人，如大材小用或与儿童玩耍的成年人。当一个人不承担某种角色时，其行为便不构成角色距离。角色距离表明，自我与理想的角色模式是分离的，它妨碍一个人进入角色。角色与个人产生距离就出现不称职、名不副实等问题。

（3）角色的再现　社会角色的表现需要一系列手段，与舞台上的表演需要装饰一样，社会表演也需要布景和道具，所不同的是社会舞台上需要的是真实实物，一方面，它们起着象征作用，既是角色表演的标志，也是角色活动的场所；另一方面他们也具有实用性。

（4）扮演过程　角色表演需要经过三个环节：①对角色的期望。人们在承担某一角色时，首先遇到的是社会或他人的期望；②对角色的领悟。这是期望与领悟的进一步发展；③对角色的实践。即角色承担者对角色的实践，是在个人实际行动中表现出来的角色。

3. 在制冷专业教学中引入的可行性

制冷专业的学生毕业后有一部分人将会从事制冷维修工作，他们将会直接面对客户，对如何与客户沟通，如何对待客户，如何帮助客户解决问题，如何收取合理的报酬与客户达至双赢等一系列问题，都可以通过角色扮演的教学方法对这些问题进行预演，以达到所需要的教学效果，从而提升学生在这些方面的应对能力。而在制冷专业引入角色扮演法所需要的道具，基本上在现有的教学设施中都能解决，而且实施起来并不十分困难，所以在制冷专业即将毕业的学生中引入角色扮演法进行教学是可行的，而且具有现实的指导意义。

6.4.2　教学过程的设计和实施

第一步：分组。按照学习水平基本平均的原则，每一组 5~6 位学生。

第二步：教师说明所要扮演的角色。

第三步：布置舞台。

第四步：观察者的准备。说明要注意些什么，教师安排每一组学生有固定的位置，指明观察任务做好记录。

第五步：表演。

第六步：探讨与评价。回顾角色表演的过程，探讨扮演中存在的问题及所揭示的问题，设计下次表演。

第七步：再次表演。扮演修正过的角色，提出以后的行动步骤。

第八步：讨论与评价。同第六步。

第九步：共享经验与概括。把问题情境与现实经验、现行问题联系起来探索行为的一般原则。

在这些步骤中，教师需要营造表演氛围，提出表演的主题，引导学生对角色进行分析，明确角色扮演达到的目标，在必要的情况下布置场景，同时还要明确不参与表演的其他学生作为观察者，需要留心观察的对象和观察中承担的任务。而每次演出时间则不宜过长，必要时教师要做出相关的示范，引导学生的情绪变化以及调整角色中的人际关系等。在表演结束后，教师要与学生一道对表演行为进行评析，结合教学内容加以延伸或提炼概括。

下面就以上门维修冰箱为例进行说明。

（1）角色的确立　教师扮演冰箱的用户，学生扮演维修部的工作人员。教师在间冷电路设置故障：教师在电路中取下正常的零件，换上表面良好里面损坏的零件。教师还可以让学生先扮演维修人员后扮演客户。

（2）教学准备　工具箱（工具袋）一个，制冷剂瓶三个，扳手、螺钉旋具各两把；修理阀一套，安全带一套，脚套一套，电笔万用表一套，修理价目表一张，公司名片、个人名片各一套，抹布若干，摆放在课室以外。

（3）教学实施

1）每一组选两名学生，代表本组参赛；本组的同学在比赛过程中不能出声提示，选手如有不懂，有一次机会，向教师申请后向同组同学请教。

2）教师以电话告知冰箱的故障现象，学生按照电话内容记录，选择合适的工具。

3）学生上门与客户了解、沟通。

4）学生进入现场进行维修操作。

5）维修后相关工作。包括打扫现场卫生，交代注意事项，开具收费票据，留下联系方式等。

（4）学生表现评价　学生表现评价标准见表6-2。

表6-2　学生表现评价标准

组　　别	一	二	三	四
选用工具(配分20分)				
提问方法(配分10分)				
表情(配分10分)				
维修价格(配分20分)				
不接受教师礼物(配分5分)				
名片发放(配分5分)				
打扫卫生(配分10分)				
维修质量(配分20分)				
同组表现:(无故提示一次扣10分)				
得分				

评分主要围绕职业道德、行为规范、操作水平三方面进行，如：学生进入课室只能询问冰箱的现象不能问故障，否则扣 10 分；听到抱怨不能生气，要面带微笑，否则扣 10 分；能熟练及合理回答价格询问得 20 分；不接教师（用户）递给的烟或礼物得 5 分；教师索要名片时，递公司的名片得 5 分，递自己的名片扣 5 分；完成维修工作后能主动打扫卫生，得 10 分。

6.4.3　教学结果总结

1. 教学效果

角色扮演教学法具有较强的趣味性，给学生较多的自主支配的时间和空间，对改进教学方法，调整教学氛围，调动学生参与积极性来说，具有较大帮助。部分学生先扮演维修人员后扮演客户，通过他们语言和后来的文字表述，感受是非常独特、深刻的。角色扮演给学生一个了解他人，体验他人情感的机会，同时帮助学生认识行为之间的因果关系及相互联系，促进学生更敏锐地察觉他人的感受，为学生提供做出决定并检验自身价值观的机会，通过学生之间的相互支持与鼓励，使学生学会比较适宜的社会礼仪和技巧，同时通过学生群体之间的互动交往，培养其解决团队问题的能力，培养学生在行动前多加考虑行动后果的习惯，为学生按照"感受—思考—行动"步骤解决问题提供联系机会。

利用角色扮演法进行教学，学生普遍反映自信心有所提升，对未来的工作充满了憧憬。

2. 出现的问题

1）学校的教学时间是有限的，角色表演教学法如果每一个同学都参与表演耗用的时间就会很多，同时也不是所有内容、模块都适用，材料准备和场景的布置耗费了教师的大量精力。

2）学生扮演一定角色如果表演失当，常容易被其他同学嘲笑与批评，从而打击表演者的自信心。

3）角色扮演有时需要教师亲身示范，而这样一来，对教师就构成了一定的压力，而且如果教师不具有一定表演才能，自身的示范也不一定恰当。

4）要求对各方面都要做充分的准备，并且要能够应对各种各样的突发场景，很多教师可能并不具备这些素养。

6.5　参观教学法在制冷专业教学中的应用

制冷工程专业是个特别注重实际应用能力的专业，离开了专业的工程应用实际谈专业的学习就有可能走入学习的误区，带来高分低能的现象，违背了教学的初衷。随着制冷行业的迅速发展，我国目前对制冷专业人才的需求也在不断增加。我国有几十所大学开设了制冷工程及相关专业，但由于历史原因，不同学校的同类专业还普遍存在小而全、全而不精等情况，同时国内有关教育发展理论尚不成熟，对许多问题的探讨还未取得广泛共识，致使高校千人一面，培养模式雷同，以知识传授和采用灌输式教育为主，该专业特色鲜明的高校并不多见。不同的学校大多在基本的教学模式下培养学生，为了求大同，许多学校都过分强调理论学习，而弱化了实践动手能力的培养。以研究生和专科教育为例，国务院教育发展研究中心的调查研究显示，研究生在工作态度、专业知识、动手能力、创造能力、合作精神和知识面等问卷项目中，创造能力的得分最低，而专科生的动手能力和合作精神也比本科生和研究生为低。

　　制冷工程专业一贯强调实践动手能力的培养和创新意识的提高。但也一度在"重基础、宽口径"的教学定位上，在一段时间过度强调了与其相关的理论课程的设置和教学课堂的作用，也就过分强调了课堂教学，与实际工作非常密切的，有利于培养学生实践动手能力的理论和实践课程的设置明显较少，而且理论教学与实践教学截然分开，导致两大部分内容关联上的脱节，达不到互相渗透、强化理解和应用的结果。最后的结果是学生的培养没能与社会需求保持良好的一致。在教学目标上，没能把课程教学与实践实用结合起来。由此形成一个怪圈：那些理论课学得较好的学生毕业后往往只能做个好职员而已，动手能力不突出，理论结合实践的能力较差，创新能力有限；而学校里好动的学生毕业后能创出一番事业，往往会有许多新点子、新想法，有较强的创新意识。中国有句古话"穷则思变"，其实这里的穷也可以说成"尽"，因为当某项技术，某个应用达到有点"尽"时就需要思考如何去"变"，也就是改革、创新。

　　目前已有许多关于促进高校实践教学改革研究课题的报道。湖南大学孙宗禹认为，当前应重构实践教学体系，因为实践是创新的基础，所以应该彻底改变传统教育模式下实践教学处于从属地位的状况。如著名的巴黎高等商学院就采用边学边用的课程教学模式，提出了对实践教学环节的重视对学生走向社会的真正意义，课程教学中的学与用的结合对学生未来职业生涯的影响等。如何在专业课程定位与实践创新能力间找到结合点是进行这类研究的关键。制冷工程专业培养的是工程应用型人才，不仅要有实践动手能力，注重将理论知识应用于实践的能力，而且要有一定的创新意识和创新能力。郑州轻工业学院的制冷工程专业已有相当长的历史了，一开始就走了与其他重点大学不同的路，比较注重实际工程应用，在冷库建筑设计、冷库制冷工艺设计等工程设计方面都具有相当的优势。但一直以来，在专业教学定位和教学环节的安排上还没有充分体现出这种特色。由此，学院在进行本专业的教学活动安排和教学方法改革时，就进行了参观教学法的尝试与实践，根据社会对人才和行业发展的需要，改善制冷工程专业课程的教学定位，把握专业特色，强调课堂教学与实践应用的相互渗透和交叉对等，在教学过程中不断培养学生理论联系实际的能力和应用创新的能力。

　　第一，专业认知实习与制冷原理课程的交互学习和感知，促进原理课程教学。专业认知实习是进行制冷专业课程学习的前奏，学生通过对制冷技术应用厂家的参观来对专业形成初步了解，然后进入制冷原理课程的理论教学环节。以往在教学安排上两者是严格分开的，实习之后才进入课堂。通过教学发现，这样的认知实习没有达到预期的效果，上课时同学们仍无法将自己之前见过的设备、流程和书本上的设备、流程联系起来。为了达到更好的教学效果，重新调整了教学过程的安排，使专业认知实习与制冷原理课程的学习相互渗透，交叉安排，让学生带着问题走进实习现场，不断地挖掘问题，然后回到课堂，并把部分课堂搬到现场，边实习边教学，边思考边理解，到课程深入学习时，理论基本上能与实际联系起来了，效果很理想。通过这种学习，同学们在现场观察过程中提出了许多理论上的为什么，对流程有了许多想进一步探究学习的兴趣，对实际应用中的理论问题，包含的原理和如何利用原理知识去进一步理解和解决实际问题非常关注。在随后的课堂教学过程中就表现得更加积极，超过传统的教学互动效果。

　　第二，生产实习和制冷空调设计的互相渗透，强化工程实践。原理学习之后会有一段时间的生产实习，之后便进入了全方位的工程设计课程的学习。生产实习是为了进一步强化对制冷原理的理解，并将整个专业课程体系与实际工程应用紧密结合起来，达到了解系统工艺流程、各组成环节和设备的功用、如何操作使用和进行节能安全生产的目的，并进行相应的生产实践体验。做到全方位了解之后，对现有设施和装置提出问题，对后续课程即将要解决的问题产生强烈兴趣。同样将现场实习与课堂理论教学从时间上完全分开，提升理论学习效果，强化实践应用，采用生产实习与制冷空调设计互相渗透的方法，把流程从现场搬到黑板上，又从黑板上搬到了纸上，从时间上交叉安排。课程学完后，同学们能非常熟悉工艺流程和设备的功用，顺利地完成了课程设计内容，并对不同厂家的设计与布局提出许多自己的看法和想法，对某些现场设施和管网流程的改进提出许多有创意的建议。很明显的一个效果是，同学们在设计构想时首先会考虑到在工程上是否可行，所有的理论已经和工程实践联系到一起了。

第三，设备实习与设备课程教学交互安排，理论与实践的完美结合。制冷系统是一个闭环，环上有许多设备和仪器串接起来，每个设备在环上都承担着自己的作用，为了安全有效地使用设备和仪器，还配备有自控设施和仪器等。通过设备制造这个环节的实习，学生在了解整个设备组成和制造工序的同时，对各设备的工作原理、材质结构及设计特性有了比较充分的了解，通过现场参观教学和实习的结合，避免了纯理论教学的枯燥，使教学课堂变得非常活跃，同学们参与教学的愿望大大提高，获得了较好的学习效果。

第四，毕业实习与毕业设计环节相融合，达到专业最高境界。毕业设计和毕业实习是整个教学计划中最后一个综合性实践教学环节，是学生在教师的指导下，独立从事工程设计工作的初步尝试，其基本目的是培养学生综合运用所学的基础理论、专业知识、基本技能研究和处理问题的能力，是学生对四年所学知识和技能进行系统化、综合化运用、总结和深化的过程。通过考察、选题、收集材料、设计方案、工艺制作等过程，检查学生的思维能力、动手能力和掌握技艺的程度，并通过毕业答辩、毕业设计和实习工作，来训练综合运用本专业知识和技能进行科学研究、解决实际问题的能力，培养自学、创新和独立工作的能力，来考核专业的教学水平，对深化教学改革，提高教学质量具有重要的意义。通过这个环节的锻炼，实现所学知识向能力的进一步转化，更好地服务于学生今后的工作。有研究表明，此环节的充分有效的利用，对学生就业起着关键作用。

为了充分发挥毕业实习的作用和强化毕业设计效果，将毕业实习和毕业设计这两个实践环节融合在一起，围绕毕业设计进行实习，实习在现场，毕业设计也走向现场，并把两个环节与就业现状联系起来，这样毕业实习能够有的放矢，设计质量也有了保证。近年来，尝试采用毕业设计课题和今后的工作单位实际要求相结合的方法。即对部分学生的毕业设计采取校内外协作，由外单位的工程技术人员具体负责指导，校内人员负责进度、质量等检查的方式来进行。这些单位包括设计院和设备生产企业等。选择这些企业的实际工程项目作为学生的毕业设计题目，更有利于在实际工程中培养学生独立思考、独立分析解决问题的能力。

6.6　任务驱动教学法在汽车空调课程中的应用

中等职业教育的人才培养目标是技术应用型高级技能人才，这类人才需要的是做事能力、知识应用能力以及本专业的高级技能。学生来职业学校是学习实用的就业能力的，要能在未来的职业岗位上，解决实际问题；同时要有较好的自我学习能力，以保证未来在职场上的持续发展能力。要保证达到这些目标，中等职业教育就必须以职业活动为导向，以素质为基础，突出能力目标，以学生习能为主体，以项目为载体，以实训为手段，进行理论知识实践一体化教学，采用正确的教学法。如果继续使用传统教学模式、教学方法，学生可能会反感、厌学，而教师也觉得自己的工作没有得到相应的尊重和回报。更关键的是学生的工作能力不是教师讲会、教会的，而是学生自己练出来的，只有用最接近工作岗位的任务来训练学生，学生才能练出工作能力。任务驱动教学法，符合中等职业教育特点和学生的认知规律，学生通过完成任务过程，练出解决问题的能力，练出自我学习的能力，学到相关知识，获得实际的工作成果，产生成就感和自信，实现了师生的良性互动。

1. 任务驱动教学法的内涵

任务驱动教学法是一种主动探究型教学模式，是建立在建构主义学习理论基础上的教学法，它将以往以传授知识为主的传统教学模式，变为以解决问题、完成任务为主的多维互动式教学模式，其特点是以学生为中心，以教师为主导，以任务为驱动，适合于各种应用类课程的教学。在教学过程中，教师将教学内容设计成一个或多个具体的任务，由任务驱动教学节奏，引导学生思考。每位学生根据自己对当前问题的理解，运用所学的知识或学习新的知识，提出解决方案，解决问题。学生完成任务的过程，既是学习理论知识的过程，也是综合应用知识，达成某项工作能力的过程，更是培养学生自我学习能力的过程。同时，利用新的评价体系，培养学生的文明礼仪，锻炼吃苦耐劳的精神，加强其团队合作精神和自学能力。

"汽车空调"是一门理论性、实践性都很强的课程，任务驱动教学法能充分发挥汽车空调检修实践性的特点，培养出适应企业需要的学生，实现学校教学与就业岗位无缝衔接。

2. "汽车空调"课程介绍

"汽车空调"课程是一门综合了机械、电路、控制于一体的应用性很强的课程，内容涵盖了制冷原理、制冷系统、配风系统、暖风系统及控制系统的结构原理、各种维修工具的使用等内容。学生通过"汽车空调"课程的学习、训练，具备汽车空调维修岗位所需的知识、技能及素养，能做好汽车空调的维护保养及常见故障的检修工作。汽车空调维修岗位的能力要求：

（1）技能要求

1）掌握并能遵守安全生产的要求和规范。

2）能正确使用维修设备、工具。

3）掌握空调系统保养方法。

4）空调系统各部件的查找、检测、拆装方法。

5）冷冻油加注方法。

6）制冷剂回收或排放，制冷剂加注方法。

7）制冷系统抽真空、检漏方法。

（2）知识要求

1）制冷、采暖、配风系统结构及原理。

2）控制电路分析。

3）各分系统故障分析、检测、排除方法。

（3）素养要求

1）具有较好的团队精神，能与师傅、工友共同协作。

2）较好的人际沟通能力。

3. 任务驱动法在"汽车空调"课程教学的应用

（1）合理设置任务　孔子说：知之者不如好之者，好之者不如乐之者。兴趣是诱发学习动机，调动学习积极性的重要因素。通过提出任务，让学生明确该门技术到底能做什么，学以致用，激发学生的学习兴趣。任务设置要点：实用性，典型性，覆盖性，综合性，趣味性，挑战性，可行性。根据实际工作中，汽车空调检修的常见工作任务，对教学任务进行了精心设置，见表 6-3。

表 6-3　任务驱动法在汽车空调维修中的任务设置

序号	任务	分任务	理论知识、操作技能、综合能力目标
1	一、汽车空调维护保养	1. 汽车空调系统结构认知作业	1. 汽车空调控制面板各操控键功能，能正确操控汽车空调 2. 汽车空调系统的结构组成，各部件的形状及安装位置
		2. 汽车空调保养维护作业	3. 汽车空调各部件的保养方法 4. 汽车空调免拆维护清洁方法
2	二、手动空调不制冷故障诊断与排除	3. 制冷剂泄漏故障检修、排除	5. 汽车空调制冷原理 6. 制冷剂、冷冻油知识 7. 制冷剂回收设备、歧管压力表等维修设备及工具的使用方法 8. 制冷系统压力检测、冷冻油加注、制冷剂回收及加注、制冷系统检漏、抽真空的方法 9. 制冷剂泄漏故障分析、检修、排除的能力
		4. 压缩机不工作故障检修、排除	10. 压缩机及电磁离合器结构、原理 11. 压缩机及电磁离合器拆装、检测方法 12. 电磁离合器线圈控制电路分析及检修 13. 压缩机不工作故障分析、检修、排除的能力
		5. 制冷系统元件堵塞故障检修、排除	14. 膨胀阀结构原理 15. 膨胀阀拆装、检测方法 16. 储液干燥器结构原理 17. 储液干燥器拆装、检测方法 18. 制冷系统元件堵塞故障分析、检修、排除的能力
		6. 不制冷故障检修、排除	19. 手动空调不制冷故障的分析、检测、排除的能力
		7. 新型制冷技术检测	20. 半导体制冷、二氧化碳制冷系统结构、原理及检测方法
3	三、手动空调制冷不良故障诊断与排除	8. 热交换不良故障检修、排除	21. 冷凝器、蒸发器拆装、检测方法 22. 冷凝风扇、鼓风机控制电路分析及检测 23. 热交换不良故障分析、检修、排除的能力
		9. 温度控制调整不良故障检修、排除	24. 汽车空调配风系统结构、原理 25. 汽车空调温度控制原理 26. 汽车空调配风系统拆装、检测方法 27. 空调制冷性能检测方法 28. 温度控制调整不良故障分析、检修、排除的能力

（2）有效组织课堂教学　合理有效地组织课堂教学，是完成教学任务的保证。教师的

课前准备包括：

1）分组：将学生分成几个学习小组，每个小组都包括各个层次的学生，各组选出组长，由组长负责本组成员的任务分配、组织学习，工具借还等。每个大任务完成后，再重新进行分组。通过分组学习，培养学生的团队精神、合作意识，锻炼学生与不同人员、不同群体的沟通能力。

2）准备资料：根据完成任务所需的理论知识，制作相对应的作业单、学习材料提供给学生。

下面以"汽车手动空调不制冷故障诊断与排除"任务为例，进行说明。

1）呈现任务环节。教师在上课之前预先在某轿车上设置好相关的故障点，使车辆产生不能制冷的故障现象，在上课时展示给学生。学生上车操作，确定故障现象。

2）任务分析环节。教师对空调不制冷的故障原因进行初步分析，指出完成此任务所需要掌握的理论知识和操作技能，引导学生进入"制冷剂泄漏故障检修"的学习。简要分析完成"制冷剂泄漏故障检修"任务所需的知识要求、技能要求，给学生发放包含制冷原理、制冷剂、冷冻油知识、制冷剂回收设备、歧管压力表等维修设备及工具的使用方法、制冷系统压力检测、冷冻油加注、制冷剂回收及加注、制冷系统检漏、抽真空的方法及技能的作业单、学习材料。要求各学习小组制定出完成"制冷剂泄漏故障检修"任务的检修计划书。学生针对作业单的内容和要求，通过使用操作，从而掌握相关工具、设备的使用方法。教师对以组长为主的学生进行相关操作的示范指导，由组长带领组员在汽车空调台架上进行制冷系统压力检测、冷冻油加注、制冷剂回收及加注、制冷系统检漏、抽真空等操作，掌握这些项目的操作技能。

查阅学习资料、课本的相关章节，观察各种材料实物，对工作正常及不正常的汽车空调系统进行听、摸、测检查，以个人加小组讨论的方式，完成作业单上的理论知识学习任务，并制定出小组的"制冷剂泄漏故障检修"任务检修工作方案书。教师在学生学习期间，解答学生的疑问，提示安全事项。

3）制定工作方案环节。教师组织各学习小组就作业单的项目、各小组的检修方案，进行答辩论战，通过竞赛，一方面提高学习的趣味性，进一步吸引摇摆不定的那部分学生投入到学习中来，另一方面激发学习兴趣低的那部分学生的好胜心，主动参与到学习中来。教师对答辩中出现的问题，以及关键的、难理解的知识点进行讲解，对学生制定的工作方案中不足之处进行补充、完善，对错误的地方进行改正，使学生得到正确的、规范的维修方案。

4）实施方案环节。由组长安排组员按完善后的工作方案书在该轿车上进行操作，完成制冷剂泄漏故障的检修任务。教师提醒学生注意操作的细节，操作的安全，操作的规范性；监督、提醒学生在各个操作环节要执行 5S 的标准。毕竟正确的、规范的操作技能是工作岗位的要求。各组选派代表进行制冷剂泄漏故障检修操作竞赛，进一步激发学生学习激情。

5）总结、评价环节。学生对个人及其他组员在本次学习中的情况进行小结、评价。教师对各小组的维修效果进行讲评，按评价项目（维修效果、技能掌握程度、理论知识掌握程度、学习的态度、进步情况、团队合作、5S 标准执行情况）对各个学生进行评价，鼓励学生。

4. 教学探讨

（1）教学效果 任务驱动教学法能够激发大部分学生的学习兴趣，行动起来投入学习，比传统的教学方法效果好。但对于那些对本专业毫无兴趣的学生，任务也不能驱动他们真正动起来。对这些学生如何进行教学，还需要深入探讨。

（2）教材　各个学校的教学思路、教学设备都不相同，针对本校的教学设备情况，编写适合本校的教材才能有效地运用任务驱动法。

（3）理论教学　理论知识够用为度，教师要针对具体任务的需要，编写理论学习材料、作业单。以作业单为线，控制理论知识学习的难度、广度，够用为度。

（4）教学设备　配备充足的设备和工位是运用任务驱动教学法的物质基础。空调实训台架直观，便于学生观察系统的结构，方便进行相关的拆装、检测操作，进行故障的模拟演示；实车的实战效果好，要将两者科学运用才可达成很好的教学效果。

（5）教学时间　任务驱动教学以学生自我学习为主，需要更多的教学时间才能完成同样的教学任务。教学管理部门必须科学安排教学，才能保证任务驱动教学所需要的时间。

参 考 文 献

［1］ 金陵．翻转课堂与微课程教学法［M］．北京：北京师范大学出版社，2015．

［2］ 孙爽．现代职业教育机械类专业教学法［M］．北京：北京师范大学出版社，2009．

［3］ 张骥祥．现代职业教育电类专业教学法［M］．北京：北京师范大学出版社，2009．

［4］ 胡迎春．李启袭，黄殿芳．职业教育教学法［M］．上海：华东师范大学出版社，2010．

［5］ 刘炽辉．王乐夫．制冷和空调设备运用与维修专业教学法［M］．北京：机械工业出版社，2012．

［6］ 黄旭明．中等职业学校计算机软件专业教学法［M］．北京：北京师范大学出版社，2012．

［7］ 关志伟．现代职业教育汽车类专业教学法［M］．北京：北京师范大学出版社，2010．

［8］ 陈钢．刘丹，张金姣．职业教育专业教学法［M］．桂林：广西师范大学出版社，2014．

［9］ 徐朔．职业教育教学法［M］．北京：高等教育出版社，2012．

［10］ 李春华．职业技术教育自动化类课程教学法［M］．北京：国防工业出版社，2008．

［11］ 中华人民共和国教育部．中等职业学校专业教学标准（试行） ［M］．北京：高等教育出版社，2014．